"十三五"应用型人才培养规划教材

建筑
识图与构造

刘向宇 / 编著

清华大学出版社

北京

内 容 简 介

本书是针对本科及高等职业院校学生毕业后工作岗位能力需要及学生的认知规律而编写的，主要内容包括建筑工程概论、投影基础知识、工程制图、建筑总平面图的识读、投影基础知识、建筑立面图的识读、建筑剖面图的识读、建筑外墙详图的识读、建筑楼梯详图的识读、结构施工图的识读、建筑房屋构造、实例解读。

本书可作为本科及高等职业院校建筑及土木工程相关专业的教材，也可以作为成人高考学生教材及相关从业人员的参考用书。

图书在版编目（CIP）数据

建筑识图与构造/刘向宇编著. —北京：清华大学出版社，2018（2022.9重印）
（"十三五"应用型人才培养规划教材）
ISBN 978-7-302-48771-5

Ⅰ. ①建… Ⅱ. ①刘… Ⅲ. ①建筑制图－识图－高等职业教育－教材 ②建筑构造－高等职业教育－教材 Ⅳ. ①TU2

中国版本图书馆 CIP 数据核字（2017）第 272153 号

责任编辑：张龙卿
封面设计：墨创文化
责任校对：李　梅
责任印制：刘海龙

出版发行：清华大学出版社
　　　网　　　址：http://www.tup.com.cn，http://www.wqbook.com
　　　地　　　址：北京清华大学学研大厦 A 座　　　　　邮　　编：100084
　　　社 总 机：010-83470000　　　　　　　　　　　邮　　购：010-62786544
　　　投稿与读者服务：010-62776969，c-service@tup.tsinghua.edu.cn
　　　质量反馈：010-62772015，zhiliang@tup.tsinghua.edu.cn
　　　课件下载：http://www.tup.com.cn，010-62770175-4278
印 装 者：三河市龙大印装有限公司
经　　销：全国新华书店
开　　本：185mm×260mm　　　印　张：10　　　字　数：226 千字
版　　次：2018 年 5 月第 1 版　　　印　次：2022 年 9 月第 4 次印刷
定　　价：39.00 元

产品编号：075739-01

前　言

随着经济全球化和市场经济体制的不断完善,土木工程领域发生了巨大的变化,社会经济的发展亟需具备知识、能力、素质协调发展,具有创新精神、较强实践能力和可持续发展能力的土木工程人才。因此,要求土木工程教育实现由"理论灌输"到"实践操作"的转变,将理论知识与实践能力有机结合,培养市场经济所需要的上手快、素质高、业务精、技能强的专业人才。

本书围绕培养实践能力强、素质高的技能型专门人才的要求编写而成。在总结长期教学经验和工作实践的基础上,借鉴国内外建筑识图与构造的理论研究和实践的最新成果,形成了一个具有较强可操作性的理论体系。

培养高素质的应用型人才,除了建立完善的教学计划和高水平的课程体系之外,还需要与之相配套的适用教材。本书就是切合应用型人才的培养目标,在广泛的企业调研和毕业生就业信息反馈的基础上编写而成的。本书注重以下几点。

(1) 理论具有针对性。在编写的过程中,考虑学生毕业后就业的工作岗位及岗位对其素质和技能的要求,本书重视建筑识图与构造基本原理的阐述,力求概念、原理表述准确、通俗易懂,便于学生理解和掌握。本书注重吸收新知识、采用新准则、强化理论知识,帮助学生打下坚实的理论基础,以便学生通过专业理论分析、解决实际问题。

(2) 本书配有大量图片和相关示例。示例与土木工程领域的实际密切相关,供学生运用所学的建筑识图与构造基本原理进行分析探讨;课后设置了相关题目,让学生根据所学的理论提出解决方案,以此锻炼和提高学生解决实际问题的能力。

(3) 本书结构清晰。首先,对建筑工程进行了概述,让学生概括性地了解建筑工程;其次,针对建筑识图与构造展开详细讲述。这种结构清晰明了,便于学生掌握建筑识图与构造的相关知识。

本书由刘向宇担任主编,庄惠凤、张炜、林婕、冯书亭、张琦、陈珊珊、陈嫱、张永涛、丁明玉、顾姝月、申小平、孔德胜、李浚猷、张帆、冯倩、孙亭亭、徐文杰、刘静也参与了本书的编写。

本书在编写过程中参考了大量的国内、外专家和学者的专著、报刊文献、网络资料,以及建筑识图与构造相关教材的有关内容,借鉴了部分国内、外专家、学者的研究成果,在此对相关专家、学者表示衷心的感谢。

虽然本书编写时各作者通力合作,但因编写时间和理论水平有限,书中难免有不足之处,我们诚挚地希望读者给予批评指正。

编　者

2017 年 10 月

目 录

第 1 章

建筑工程概论

【本章学习目标】

1. 了解建筑工程的定义。
2. 理解建筑工程的组成内容。
3. 掌握建筑工程图纸的种类。
4. 掌握建筑工程制图要求的具体内容。

1.1 建筑工程的概念

1.1.1 建筑工程的定义

建筑工程指通过对各类房屋建筑及其附属设施的建造和与其配套的线路、管道、设备的安装活动所形成的工程实体。其中"房屋建筑"指有顶盖、梁柱、墙壁、地基以及能够形成内部空间,满足人们生产、居住、学习、公共活动等需要的工程。

(1)"房屋建筑物"的建造工程包括厂房、剧院、旅馆、商店、学校、医院和住宅等,其新建、改建或扩建必须兴工动料,通过施工活动才能实现。

(2)"附属构筑物设施"指与房屋建筑配套的水塔、自行车棚、水池等。"线路、管道、设备的安装"是指与房屋建筑及其附属设施相配套的电气、给排水、采暖系统、通信线路、智能化线路、电梯线路、管道、设备的安装活动。

1.1.2 建筑工程的组成

建筑工程往往是由各个分部和分项工程所组成的,主要由土建工程、安装工程、装饰工程等组成。

(1)土建工程。土建工程既指所应用的材料、设备和所进行的勘测、设计、施工、保养、维修等技术活动,又指工程建设的对象,即建造在地上或地下、陆上或水中,直接或间接为人类生活、生产、军事、科研服务的各种工程设施,例如,房屋、道路、工程等。

(2)安装工程。安装工程是指各种设备、装置的安装工程。安装工程通常包括电气、通风、给排水以及设备安装等工作。工业设备及管道、电缆、照明线路等往往也涵盖在安装工程的范围内。

（3）装饰工程。装饰工程是指房屋建筑施工中包括抹灰、油漆、刷浆、装玻璃、裱糊、饰面、罩面板和加花饰等工艺方面的工程，它是房屋建筑施工的最后一个施工环节，其具体内容包括内外墙面和顶棚的抹灰、内外墙饰面和镶面、楼地面的饰面、房屋立面花饰的安装、门窗等木制品和金属品的油漆刷浆等。

1.2　建筑工程图纸

1.2.1　建筑工程图纸的种类

建筑工程图纸分为建筑施工图、结构施工图、设备施工图。

（1）建筑施工图包括建筑总平面图、建筑平面图、建筑立面图、建筑剖面图和建筑详图。

（2）结构施工图包括基础平面图，基础剖面图，屋盖结构布置图，楼层结构布置图，柱、梁、板配筋图，楼梯图，结构构件图或表，以及必要的详图。

（3）设备施工图包括采暖施工图、电气施工图、通风施工图和给排水施工图。

1.2.2　建筑工程制图要求

建筑工程制图要求的主要内容如下。

1. 图纸幅面

（1）为便于图纸的管理与装订，图幅大小均应按国家标准规定（见表 1-1）执行，并且应以一种规格为主，尽量避免大小幅面混合使用。

表 1-1　幅面及图框尺寸　　　　单位：mm

尺寸代号	幅面代号				
	A0	A1	A2	A3	A4
$b\times l$	841×1189	594×841	420×594	297×420	210×297
c		10			5
a			25		

注：b 表示图纸宽度，l 表示图纸长度；c 和 a 表示留边宽度。

（2）需要微缩复制的图纸，其一个边上应附有一段准确米制尺度，四个边上均附有对中标志，米制尺度的总长应为100mm，分格应为10mm。对中标志应画在图纸各边长的中点处，线宽应为0.35mm，伸入框内应为5mm。

（3）图纸的短边一般不应加长，长边可加长，但应符合表 1-2 的规定。

表 1-2　图纸长边加长尺寸　　　　单位：mm

幅面尺寸	长边尺寸	长边加长后尺寸
A0	1189	1486、1635、1783、1932、2080、2230、2378
A1	841	1051、1261、1471、1682、1892、2102
A2	594	743、891、1041、1189、1388、1486、1635、1783、1932、2080
A3	420	630、841、1051、1261、1471、1682、1892

注：有特殊需要的图纸，可采用 $b\times l$ 为 841mm×891mm 与 1189mm×1261mm 的幅面。

（4）图纸以短边作为垂直边时称为横式，以短边作为水平边时称为立式。一般 A0～A3 图纸宜横式使用，必要时，也可立式使用。

（5）一项工程设计中，每个专业所使用的图纸，一般不宜多于两种幅面，不含目录及表格所采用的 A4 幅面。

2. 比例

（1）图样的比例应为图形与实物相对应的线性尺寸之比。比例的大小是指其比值的大小，如 1∶50 大于 1∶100。

（2）比例的符号为"∶"。比例应以阿拉伯数字表示，如 1∶1，1∶2，1∶100 等。

（3）比例宜注写在图名的右侧，字的基准线应取平；比例的字高宜比图名的字高小一号或二号。

（4）绘图所用的比例，应根据图样的用途与被绘对象的复杂程度，从表 1-3 中选用，并优先用表中的常用比例。

表 1-3　图纸常用选取比例

图　名	比　例
建筑物或构筑物的平面图、立面图、剖面图	1∶50、1∶100、1∶150、1∶200、1∶300
建筑物或构筑物的局部放大图	1∶10、1∶20、1∶25、1∶30、1∶50
配件及构造详图	1∶25、1∶30、1∶50

（5）一般情况下，一个图样应选用一种比例。根据专业制图需要，同一图样可选用两种比例。

3. 尺寸标注

工程图上除画出构造物的形状外，还必须准确、完整和清晰地标注出构造物的实际尺寸以作为施工的依据。

1）尺寸的组成

图样上标注的尺寸，由尺寸界线、尺寸线、尺寸起止符号和尺寸数字四部分组成，如图 1-1 所示。

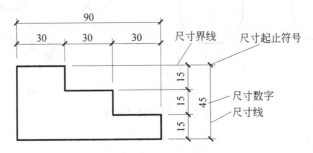

图 1-1　尺寸标注样式

2）尺寸标注的一般规则

（1）图上所有尺寸数字是物体的实际大小，与图的比例无关。一般砖、石、混凝土等工程结构物以厘米为单位；钢筋和钢材长度以厘米为单位，断面以毫米为单位；房屋和机

械图中的尺寸除标高外均以毫米为单位;道路工程中,线路的里程桩号以公里为单位,标高、坡长和曲线要素均以米为单位。图上尺寸数字之后不必注写单位,但在注解及技术要求中可注明尺寸单位。

(2) 尺寸界线应用细实线绘制,一般应与被注长度垂直,其一端应离开图样轮廓线不小于 2mm,另一端宜超出尺寸线 2~3mm;必要时图样轮廓线可作为尺寸界线;任何轮廓线都不能用作尺寸线。

(3) 尺寸线用细实线绘制,应与被注长度平行,且不宜超出尺寸界线。任何图线均不得用作尺寸线。尺寸线与被标注尺寸的轮廓线的间距以及互相平行的两尺寸线的间距一般为 5~8mm;同一图纸或同一图形上的间距大小应当保持一致。

(4) 尺寸线与尺寸界线的相接点为尺寸起止点。在起止点上应画尺寸起止符,此符号一般应用中粗或细短线绘制,其倾斜方向应与尺寸界线成顺时针 45°角,长度宜为 2~3mm。

(5) 尺寸数字一般标注在尺寸线中间的上方,离尺寸线不大于 1mm。若没有足够的位置时,最外面的尺寸数字可注写在尺寸界线的外侧,中间相邻尺寸数字可错开注写,也可引出注写,如图 1-2 所示。

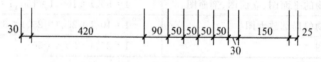

图 1-2　尺寸数字的注写方式

3) 圆的标注

在标注圆的直径尺寸数字前面,都要加注直径符号"ϕ"。在圆内标注的直径尺寸线应通过圆心,两端画箭头指示至圆弧,如图 1-3(a) 所示。较小圆的直径尺寸,可标注在圆外,但其直径尺寸线也应通过圆心,如图 1-3(b) 所示。

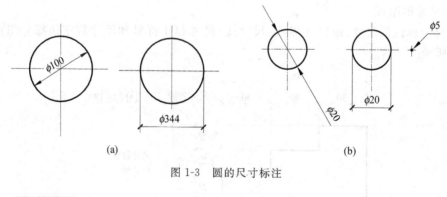

图 1-3　圆的尺寸标注

4) 圆弧的标注

凡小于或等于半圆的圆弧,其尺寸只标注半径。半径的尺寸标注从圆心开始,另一端箭头指示至圆弧。半径尺寸数字前应加半径符号 R,如图 1-4(a) 所示。当圆弧半径较大,圆心较远时,半径尺寸线只可画一段,但应对准圆心,如图 1-4(b) 所示。

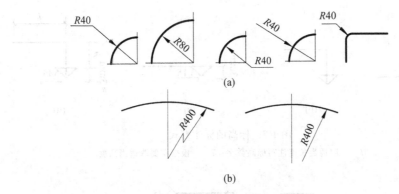

图 1-4　圆弧半径的标注方法

5）球的标注

标注圆的半径尺寸时，应在尺寸数字前加注符号 *SR*。标注球的直径尺寸时，应在尺寸数字前加符号"*Sϕ*"。标注方式与圆弧半径和圆直径的尺寸标注方法相同。

6）角度的标注

标注角度时，角度的两边作为尺寸界线，角度的尺寸线画成圆弧，其圆心是该角度的顶点，角度的起止符号应以箭头表示。如果没有足够的位置画箭头，可用圆点代替。角度数字应按水平方向标注，如图 1-5 所示。

7）坡度的标注

斜面的倾斜度称为坡度，顺水流的方向用箭头表示，立面图上用半箭头，平面图上用全箭头。常采用比例法、百分比法表示，其比值等于竖向高度。有时坡度也可用直角三角形的形式进行标注，如图 1-6 所示。

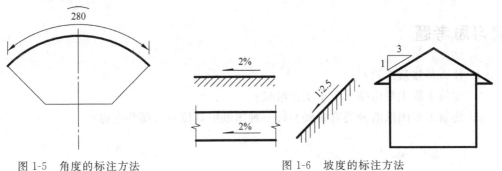

图 1-5　角度的标注方法　　　　　图 1-6　坡度的标注方法

8）标高的标注

（1）标高符号应以直角等腰三角形表示，按图 1-7（a）所示形式用细实线绘制，如标注位置不够，也可按图 1-7（b）所示形式绘制。标高符号的具体画法如图 1-7（c）和图 1-7（d）所示。

（2）总平面图室外地坪标高符号宜用涂黑的三角形表示（图 1-8（a）），具体画法如图 1-8（b）所示。

（3）标高数字应以 m 为单位，注写到小数点以后第三位。在总平面图中，可注写到小

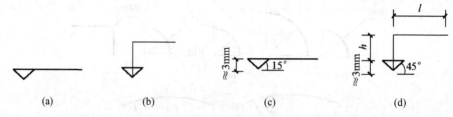

图 1-7　标高的标注方式

l——取适当长度注写标高数字；*h*——根据需要取适当高度

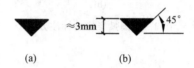

图 1-8　总平面图室外地坪标高符号

数点以后第二位。

（4）零点标高应注写成 ± 0.000，正数标高不注"＋"，负数标高应注"－"。例如 8.000、-0.900。

（5）在图样的同一位置需表示几个不同标高时，标高数字可按图 1-9 的形式注写。

图 1-9　同一位置注写多个标高数字

复习思考题

1. 什么是建筑工程？

2. 建筑工程主要由哪几个子工程组成？

3. 建筑工程图纸的种类有哪些？每一种图纸中具体包含哪些内容？

第 2 章

投影基础知识

【本章学习目标】

1. 了解投影的基础知识与内容。
2. 了解三面投影图的形成过程。
3. 理解工程中常用投影图的产生方式。
4. 掌握剖面图与断面图的画法及要点。

2.1 投影基础内容

2.1.1 投影的定义与分类

1. 投影的定义

在我们生活的三维空间里,一切形体都有长度、宽度和高度,如何才能在一个只有长度和宽度的图纸上,准确且全面地表达出形体的形状和大小呢? 可以选择用投影的方法。

假如要画出一个形体的图形,可在形体前面放一个光源(例如电灯),形体将在它背后的平面上投落一个灰黑的多边形的图(见图 2-1)。但此影子是漆黑一片,只能反映空间形体某个方向的外形轮廓,不能反映形体上的各个棱线和棱面。当光源或物体的位置发生改变时,影子的形状、位置也随之改变,因此,它不能反映出物体的真实形状。

假设从光源发出的光线能够穿透物体,光线把物体的每个顶点和棱线都投射到地面或墙面上,这样所得到的影子就能准确表达出物体的形状,称为物体的投影。

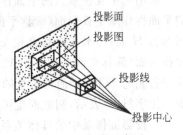

图 2-1 投影示意图

由此看来,投影对每个人来说并不是件陌生的现象。不过,这样的图还不符合建筑图样的要求,因为随着光源位置前后高低的变化,物体的投影大小也将有所不同。为了使所得到的投影有一定规律,必须规定投射线的方向。

2. 投影法的分类

根据投射线的类型(平行或汇交)、投影面与投射线的相对位置(垂直或倾斜)的不同,投影法一般分为以下两类。

1）平行投影法

当投影中心移至无限远处时,投影线将依据一定的投影方向平行地投射下来,用相互平行的投射线对物体作投影的方法称作平行投影法。其中平行投影法又分为正投影法和斜投影法两种。

（1）正投影法：投影方向垂直于投影面时所作出的平行投影,称作正投影法。作出正投影的方法称为正投影法。用这种方法画得的图形称作正投影图,如图2-2所示。

（2）斜投影法：投影方向倾斜于投影面时所作出的平行投影,称作斜投影,作出斜投影的方法称为斜投影法。用这种方法画出的图形称作斜投影图,如图2-3所示。

2）中心投影法

投射线汇交于一点的投影法为中心投影法,如图2-4所示。采用中心投影法绘制的图形一般不反映物体的真实大小,但立体感较好,多用于绘制建筑物的透视图。

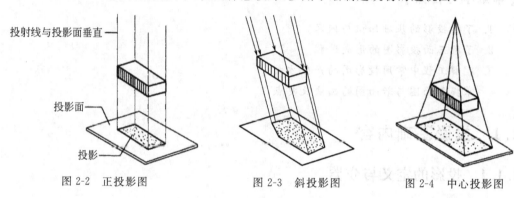

投射线与投影面垂直
投影面
投影

图2-2　正投影图　　　　图2-3　斜投影图　　　　图2-4　中心投影图

2.1.2　三面投影图

1. 三投影面体系

采用三个互相垂直的平面作为投影面,构成三投影面体系,如图2-5所示。水平位置的平面称作水平投影面（简称平面）,用字母 H 表示,水平面也可称为 H 面;与水平面垂直相交呈正立位置的投影面称作正立投影面（简称立面）,用字母 V 表示,正立面也可称为 V 面;位于右侧与 H 面、V 面均垂直的平面称作侧立投影面（简称侧面）,用字母 W 表示,侧立面也可称为 W 面。

三投影面体系中的具体关系以图2-5为例进行解读,内容如下。

（1）H 面与 V 向的交线 OX 称作 OX 轴。

（2）H 面与 W 面的交线 OY 称作 OY 轴。

（3）V 面与 W 面的交线 OZ 称作 OZ 轴。

（4）三个投影轴 OX、OY、OZ 的交汇点 O 称作原点。

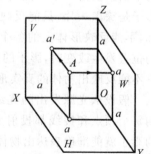

图2-5　三投影面体系

2. 三面投影图的形成

将物体置于 H 面之上、V 面之前、W 面之左的空间（第一分角）,用分别垂直于三个投影面的平行投影线投影,可得物体在三个投影面的正投影图,如图 2-6 所示。

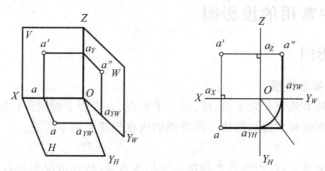

图 2-6　三面投影图的形成

三面投影图的组成内容如下。

(1) 水平投影:点 A 在 H 面的投影 a,称为点 A 的水平投影。

(2) 正面投影:点 A 在 V 面的投影 a',称为点 A 的正面投影。

(3) 侧面投影:点 A 在 W 面的投影 a'',称为点 A 的侧面投影。

3. 三面投影图的关系

从三投影面体系中不难看出,空间的左右、前后、上下三个方向,可以分别由 OX 轴、OY 轴和 OZ 轴的方向来代表。换言之,在投影图中,凡是与 OX 轴平行的直线,反映的是空间左右方向;凡是与 OY 轴平行的直线,反映的是空间前后方向;凡是与 OZ 轴平行的直线,反映的是空间上下方向(如图 2-7 所示)。在画物体的投影图时,习惯上使物体的长、宽、高三组棱线分别平行于 OX、OY、OZ 轴,因此,物体的长度可以沿着与 OX 轴下行的方向量取,而在平面和立面图中显示实长;物体的宽度可以沿着与 OY 轴平行的方向量取,而在平面和侧面图中显示实长;物体的高度可以沿着与 OZ 轴平行的方向量取,而在立面图和侧面图中显示实长。平、立、侧三面投影图中,每一个投影图含有两个量,三个投影图之间保持着量的统一性和图形的对应关系,概括来说,就是长对正、高平齐、宽相等,表明了三面投影图的"三等关系"。

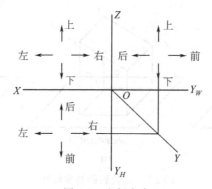

图 2-7　空间方向

2.2 工程中常用的投影图

2.2.1 正投影图

1. 正投影的基本性质

组成形体的基本几何元素是点、线、面。了解点、直线和平面的正投影的基本性质,有助于读者更好地理解和掌握画形体正投影图的内在规律和基本方法。

1) 同素性

点的正投影仍然是点,直线的正投影一般仍为直线(特殊情况例外),平面的正投影一般仍为原空间几何形状的平面(特殊情况例外),这种性质称为正投影的同素性,如图 2-8(a)和图 2-8(b)所示。

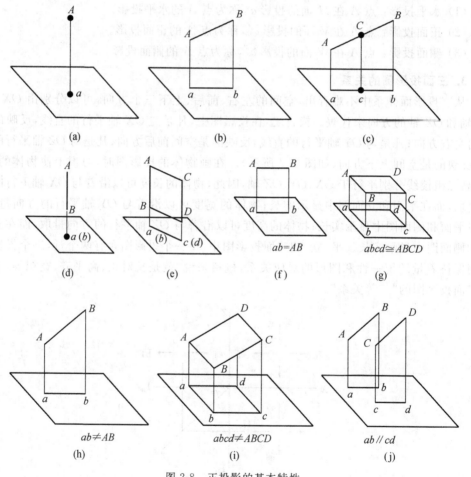

图 2-8 正投影的基本特性

2) 从属性

点在直线上,点的正投影一定在该直线的正投影上。点、直线在平面上,点和直线的正投影一定在该平面的正投影上，这种性质称为正投影的从属性，如图 2-8(c)所示。

3）积聚性

当直线或平面垂直于投影面时，其直线的正投影积聚为一个点；平面的正投影积聚为一条直线。这种性质称为正投影的积聚性，如图 2-8(d)和图 2-8(e)所示。

4）可量性

当线段或平面平行于投影面时，其线段的投影长度反映线段的实长；平面的投影与原平面图形全等，这种性质称为正投影的全等性，如图 2-8(f)和图 2-8(g)所示。

5）定比性

线段上的点将该线段分成的比例，等于点的正投影分线段的正投影所成的比例，这种性质称为正投影的定比性，如图 2-8(h)和图 2-8(i)所示。

6）平行性

两直线平行，它们的正投影也平行，且空间线段的长度之比等于它们正投影的长度之比，这种性质称为正投影的平行性，如图 2-8(j)所示。

2．正投影图的特点

正投影图的优点是能够反映物体的真实形状和大小，便于度量且绘制简单，符合设计、施工、生产的需要。《房屋建筑制图统一标准》(GB 50001—2010)中规定，把正投影法作为绘制建筑工程图样的主要方法，正投影图是土木工程施工图纸的基本形式。正投影图的缺点是立体感较差。

3．正投影图的组成

正投影图是指由物体在两个互相垂直的投影面上的正投影，或在两个以上的投影面（其中相邻的两投影面互相垂直）上的正投影所组成。多面正投影是土木建筑工程中最主要的图样，如图 2-9 所示。然后将这些带有形体投影图的投影面展开在一个平面上，从而得到形体投影图的方法，如图 2-10 所示。

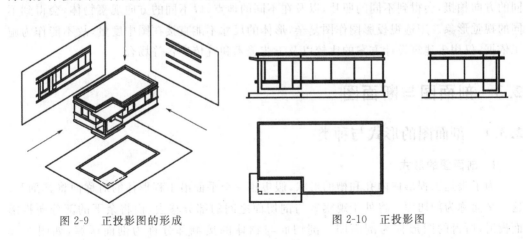

图 2-9　正投影图的形成　　　　　　图 2-10　正投影图

2.2.2　轴测投影图

轴测投影图是将物体连同其直角坐标体系，沿不平行于任一坐标平面的方向，用平行投影法将其投射在单一投影面上所得的图形,可以是正投影,也可以是斜投影,通常省略不画坐标轴的投影,如图 2-11 所示。

轴测投影图能够在一个投影面上同时反映出物体的长、宽、高三个方向的结构和形状,而且物体的三个轴向(左右、前后、上下)在轴测图中都具有规律性,可以进行计算和测量。但是作图较烦琐,表面形状在图中往往失真,只能作为工程上的辅助性图样,以弥补正投影图的不足,如图 2-12 所示。

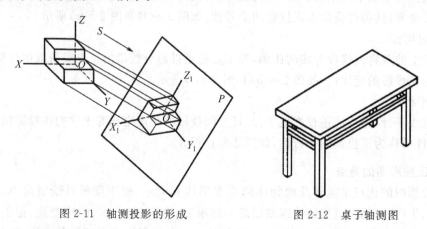

图 2-11　轴测投影的形成　　　　　　图 2-12　桌子轴测图

2.2.3　透视投影图

1. 透视投影图的定义

透视投影图是用中心投影法将物体投射在单一投影面上所得的图形。

2. 透视投影图的特点

透视投影图有很强的立体感,形象逼真,如拍摄的照片。照相机在不同的地点、以不同的方向拍摄,会得到不同的照片,以及在不同的地点、以不同的方向观察物体,会得到不同的视觉形象。用透视投影图作图复杂,形体的尺寸不能直接在图中度量,故不能作为施工依据,仅用于建筑设计方案的比较以及工艺美术和宣传广告等场合。

2.3　剖面图与断面图

2.3.1　剖面图的形式与种类

1. 剖面图的形式

为了表达工程形体内孔和槽的形状,假想用一个平面沿工程形体的对称面将其剖开,这个平面称为剖切面。将处于观察者与剖切面之间的部分移去,而将余下的部分向投影面投射,所得的图形称为剖面图。剖切面与物体的接触部分称为剖面区域,如图 2-13 所示。

综上所述,"剖视"的概念,可以归纳为以下三个字。

(1)"剖"——假想用剖切面剖开物体。

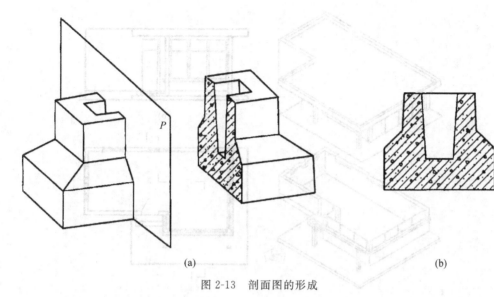

(a)   (b)

图 2-13　剖面图的形成

（2）"移"——将处于观察者与剖切面之间的部分移去。

（3）"视"——将其余部分向投影面投射。

2．剖面图的种类

1）全剖面图

假想用一个剖切平面把形体整个剖开后所画出的剖面图叫全剖面图。

不对称的建筑形体，或虽然对称但外形比较简单，或在另一个投影中已将它的外形表达清楚时，可假想用一个剖切平面将物体全部剖开，然后画出形体的剖面图，这种剖面图称为全剖面图。如图 2-14 所示的房屋，为了表示它的内部布置，假想用一水平的剖切平面，通过门、窗洞将整幢房子剖开，然后画出其整体的剖面图。这种水平剖切的剖面图，在房屋建筑图中称为平面图。

2）局部剖面图

当建筑形体的外形比较复杂，完全剖开后无法清楚地表达它的外形时，可以保留原投影图的大部分，而只将局部画成剖面图。在不影响外形表达的情况下，将杯形基础水平投影的一个角落画成剖面图，表示基础内部钢筋的配置情况，这种剖面图称为局部剖面图。按国家标准规定，投影图与局部剖面图之间要用徒手画的波浪线分界，如图 2-15 所示。

3）半剖面图

当建筑形体是左右对称或前后对称，而外形又比较复杂时，可以画出由半个外形正投影图和半个剖面图拼成的图形，以同时表示形体的外形和内部构造，这种剖面图称为半剖面图。

如图 2-16 所示的杯形独立基础，可画出半个正面投影和半个侧面投影以表示基础的外形和相贯线，另外各配上半个相应的剖面图表示基础的内部构造。半剖面相当于剖去形体的 1/4，将剩余的 3/4 做剖面。

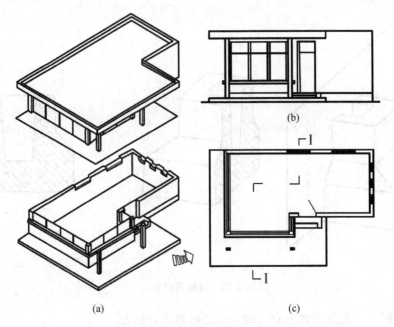

图 2-14 全剖面图

（a）水平全剖面；（b）立面图；（c）平面图

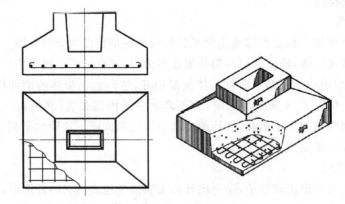

图 2-15 杯形基础局部剖面图

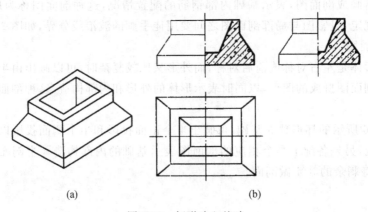

(a)   (b)

图 2-16 杯形独立基础

　　4）阶梯剖面图

　　当形体上有较多的孔、槽,且不在同一层次上时,可用两个或两个以上平行的剖切平面通过各孔、槽轴线把物体剖开,所得剖面称为阶梯剖面。

　　如图 2-17 所示的房屋,用一个平行于 W 面的剖切平面,不能同时剖开前墙的窗和后墙的窗,这时可将剖切平面转折折叠一次,即用一个剖切平面剖开前墙的窗,另一个与其平行的平面剖开后墙的窗,这样就满足了要求。

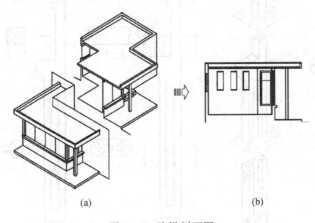

(a)　　　　　　　　　　　　　(b)

图 2-17　阶梯剖面图
(a) 阶梯剖面；(b) 剖面图

3. 剖面图的画法

　　(1) 由于剖切面是假想的,并非把形体真正剖开,只是在某一投影方向上需要表示内部形状时,才假想将形体剖去一部分,画出此方向的剖面图。而其他方向的投影应按完整的形体画出。在画另一个投影时,则应按完整的形体画出。

　　(2) 作剖面图时,剖切平面的方向一般选择与某一投影面平行,以便在剖面图中得到该部分的实形。同时,要使剖切平面尽量通过形体上的孔、洞、槽等隐蔽形体的中心线,将形体内部尽量表现清楚。剖切平面平行于 V 面时,作出的剖面图称为正立剖面图,可以用来替代虚线的正立面图；剖切平面平行于 W 面时,所作出的剖面图称为侧立剖面图,也可以用来替代侧立面图。

　　(3) 形体剖开之后,都有一个截口,即截交线围成的平面图形,称为截面。在剖面图中,规定要在断面上画出建筑材料图例,以区别断面(剖到的)和非断面(看到的)部分。各种建筑材料图例必须遵照"国标建筑材料图例"规定的画法,在被剖到的图形上画图例线。图例线为 45°细实线,间距为 2~6mm。在同一形体的各剖面中,图例线的方向、间距要一致。

2.3.2　断面图的形式与画法

1. 断面图的形式

当剖切面剖切物体后,只表示被剖切面剖到部分的图形叫作断面图。

2. 断面图的画法

用一个剖切平面将形体剖开之后,形体上的截口,即截交线所围成的平面图形,称为断面。如果只把这个断面投射到与它平行的投影面上所得的投影,表示出断面的实形,则为断面图。

与剖面图一样,断面图也是用来表示形体内部形状的。剖面图与断面图的区别如图 2-18 和表 2-1 所示。

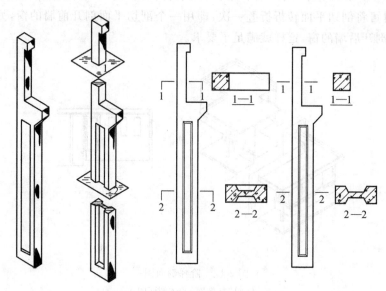

图 2-18　剖面图与断面图的区别

表 2-1　剖面图与断面图的区别

序号	主 要 内 容
1	断面图只画出形体被剖开后断面的投影,如图 2-19(a)所示,而剖面图要画出形体被剖开后整个剩余部分的投影,如图 2-19(b)所示
2	剖面图是被剖开形体的投影,是体的投影,而断面图只是一个截口的投影,是面的投影。被剖开的形体必有一个截口,所以剖面图必然包含断面图在内,而断面图虽属于剖面图的一部分,但一般单独画出
3	剖切符号的标注不同。断面图的剖切符号只画出剖切位置线,不画出剖切方向线,且只用编号的注写位置来表示剖切方向。编号写在剖切位置线下面,表示向下投影;注写在左侧,表示向左投影
4	剖面图中的剖切平面可转折,断面图中的剖切平面不可转折

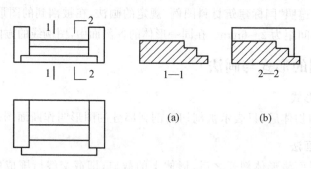

图 2-19　台阶的断面图与剖面图

3. 断面图的简化画法

为了节省绘图时间,或由于绘图位置不够,建筑制图国家标准允许在必要时采用一些简化画法,见表 2-2。

表 2-2　断面图简化画法的步骤及内容

序号	主 要 内 容
1	对称图形的简化画法。对称的图形可以只画一半,但要加上对称符号。例如,如图 2-20(a)所示的锥壳基础平面图,因为它左右对称,可以只画左半部,并在对称线的两端加上对称符号,如图 2-20(b)所示。对称线用细点划线表示。对称符号用一对平行的短细实线表示,其长度为 6～10mm。两端的对称符号到图形的距离应相等
2	由于锥壳基础的平面图不仅左右对称,而且上下对称,因此还可以进一步简化,只画出 1/4,但同时要增加一条水平的对称线和对称符号,如图 2-20(c)所示
3	对称的构件需要画剖面图时,也可以以对称为界,一边画外形图,一边画剖面图,这时需要加对称符号

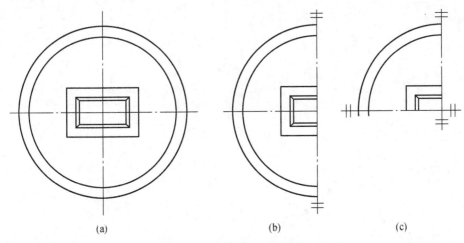

| (a) | (b) | (c) |

图 2-20　对称图形的简化画法

4. 相同要素的简化画法

建筑物或构配件的图形,如果图上有多个完全相同且连续排列的构造要素,可以仅在排列的两端或适当位置画出其中一两个要素的完整形状,然后画出其余要素的中心线或中心线交点,以确定它们的位置,例如,图 2-21(a)所示的混凝土空心砖和如图 2-21(b)所示的预应力空心板。

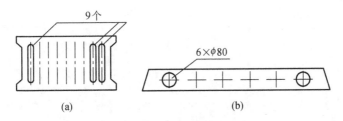

| (a) | (b) |

图 2-21　相同要素的简化画法

复习思考题

1. 什么是正投影法和斜投影法？
2. 正投影的基本性质有哪些？
3. 三面投影图的三等关系指的是什么？

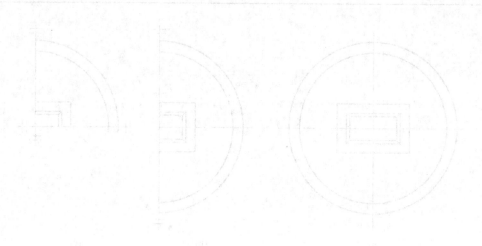

第 3 章

工 程 制 图

【本章学习目标】

1. 了解国家制图基本规定的内容。
2. 掌握手绘施工图的步骤及方法。
3. 学会自己动手手绘施工图。

3.1 国家制图基本规定

3.1.1 标题栏与会签栏

1. 图纸的标题栏、会签栏及装订边的位置

(1) 横式使用的图纸,应按图 3-1 的形式布置。

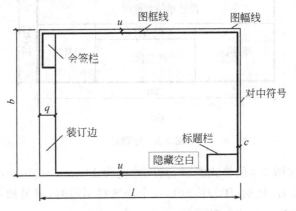

图 3-1 A0～A3 图纸(横式幅面)

(2) 立式使用的图纸,应按图 3-2 的形式布置。

(3) 标题栏应按图 3-3 所示,根据工程需要确定其尺寸、格式及分区。签字区应包含实名列和签名列。涉外工程的标题栏内,各项主要内容的中文下方应附有译文,设计单位的上方或左方,应加"中华人民共和国"字样。

图 3-2　A0～A3 图纸（立式幅面）

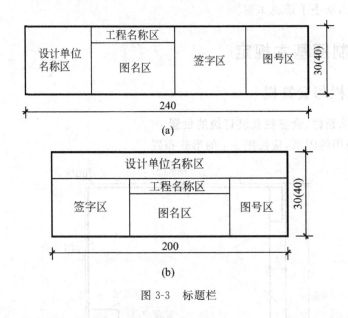

图 3-3　标题栏

（4）会签栏应按图 3-4 的格式绘制，其尺寸应为 100mm×20mm，栏内应填写会签人员所代表的专业、姓名、日期（年、月、日）；一个会签栏不够时，可另加一个，两个会签栏应并列；不需会签的图纸可不设会签栏。

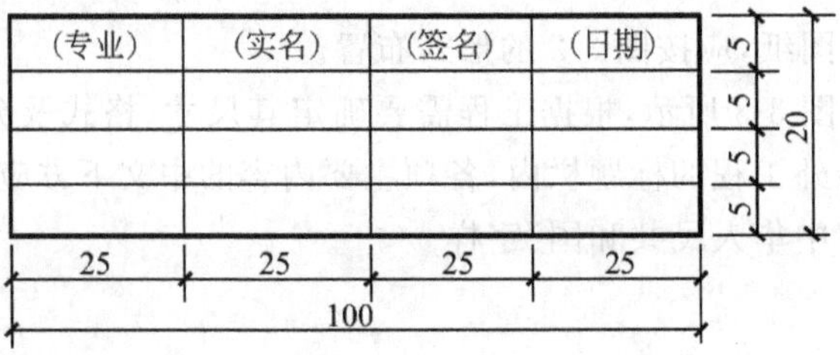

（专业）	（实名）	（签名）	（日期）

图 3-4　会签栏

2. 图纸编排顺序

（1）工程图纸应按专业顺序编排。一般应为图纸目录、总图、建筑图、结构图、给水排水图、暖通空调图、电气图等。

（2）各专业的图纸，应该按图纸内容的主次关系、逻辑关系有序排列。

3.1.2　字体

制图过程中字体的相关规定如下。

（1）图纸上所需书写的文字、数字或符号等，均应笔画清晰、字体端正、排列整齐；标点符号应清楚正确。

（2）文字的高度，应从如下系列中选用：3.5mm、5mm、7mm、10mm、14mm、20mm。如需书写更大的字，其高度应按 2 的倍数递增。

（3）图样及说明中的汉字，宜采用长仿宋体，宽度与高度的关系应符合表 3-1 的规定。大标题、图册封面、地形图等汉字，也可书写成其他字体，但应易于辨认。

表 3-1　长仿宋体字高关系　　　　　　　　　　　　　　单位：mm

字号（即字高）	2.5	3.5	5	7	10	14	20
字宽	1.4	2.5	3.5	5	7	10	14

（4）汉字的简化字书写必须符合国务院公布的《汉字简化方案》和有关规定。

（5）拉丁字母、阿拉伯数字与罗马数字的书写与排列，应符合表 3-2 的规定。

表 3-2　阿拉伯数字、拉丁字母、罗马数字的规格

字　母　大　小		一般字体	长字体
字母高	大写字母	h	h
	小写字母（上下均无延伸）	$7/10h$	$10/14h$
小写字母向上或向下延伸部分		$3/10h$	$4/11h$
笔画宽度		$1/10h$	$1/14h$
间隔	字母间隔	$2/10h$	$2/14h$
	上下行底线间最小间隔	$14/10h$	$20/14h$
	文字间最小间隔	$6/10h$	$6/14h$

注：（1）小写字母如 a、c、m、n 等，上下均无延伸，而 j 则上下有延伸。

（2）字母的间隔，当在视觉上需要更好的效果时，可以减小一半，即和笔画的宽度相等。

（6）拉丁字母、阿拉伯数字与罗马数字，如需写成斜体字，其斜度应是从字的底线逆时针向上倾斜 75°。斜体字的高度与宽度应与相应的直体字相等。

（7）拉丁字母、阿拉伯数字与罗马数字的字高，应不小于 2.5mm。

（8）数量的数值注写，应采用正体阿拉伯数字。各种计量单位凡前面有量值的，均应采用国家颁布的单位符号注写。单位符号应采用正体字母。

（9）分数、百分数和比例数的注写，应采用阿拉伯数字和数学符号，例如，四分之三、百分之二十五和一比二十应分别写成 3/4、25% 和 1∶20。

（10）当注写的数字小于1时，必须写出个位的0，小数点应采用圆点，齐基准线书写，例如0.05。

3.1.3 图线

图线的相关规定如下。

（1）图线的宽度b宜从下列线宽系列中选取：2.0mm、1.4mm、1.0mm、0.7mm、0.5mm、0.35mm。每个图样应根据复杂程度与比例大小先选定基本线宽b，再选用表3-3中相应的线宽组。

表3-3　线宽组　　　　　　　　　　　　　　　单位：mm

b	2.0	1.4	1.0	0.7	0.5	0.35
$0.5b$	1.0	0.7	0.5	0.35	0.25	0.18
$0.35b$	0.5	0.35	0.25	0.18		

注：需要微缩的图纸，不宜采用0.18mm及更细的线宽。

（2）工程建设制图应选用表3-4中所示的图线。

表3-4　图线的线型、线宽及用途

线型名称	线型示意	线宽	用　　途
粗实线	——	b	（1）平面图和剖面图中被剖切的主要建筑构造（包括构配件）的轮廓线 （2）建筑立面图或室内立面图的外轮廓线 （3）建筑构造详图中被剖切的主要部分的轮廓线 （4）建筑构配件详图中的外轮廓线 （5）平面图、立面图、剖面图的剖切符号
中实线	——	$0.5b$	（1）平面图、剖面图中被剖切的次要建筑构造（包括构配件）的轮廓线 （2）建筑平面图、立面图、剖面图中建筑构配件的轮廓线 （3）建筑构造详图及建筑构配件详图中的一般轮廓线
细实线	——	$0.25b$	小于$0.5b$的图形线、尺寸线、尺寸界限、图例线、索引符号、标高符号、详图材料做法引出线等
中虚线	－－－	$0.5b$	（1）建筑构造详图及建筑构配件不可见的轮廓线 （2）平面图中的起重机（吊车）轮廓线 （3）拟扩建的建筑物轮廓线
细虚线	－－－	$0.25b$	图例线、小于$0.5b$的不可见轮廓线
粗单点长画线	—·—	b	起重机（吊车）轨道线
细单点长画线	—·—	$0.25b$	中心线、对称线、定位轴线
折断线	─/\─	$0.25b$	不需画全的断开界线
波浪线	～～	$0.25b$	不需画全的断开界线、构造层次的断开界线

注：地平线的线宽比为1.4b。

（3）同一张图纸内，相同比例的各图样，应选用相同的线宽组。

（4）相互平行的图线，其间隙不宜小于其中的粗线宽度，且不宜小于0.7mm。

（5）虚线、单点画线或双点画线的线段长度和间隔,宜各自相等。

（6）单点画线或双点画线,当在较小图形中绘制有困难时,可用实线代替。

（7）单点画线或双点画线的两端,不应是点。点划线与点划线相交或点划线与其他图线相交时,应是线段相交。

（8）虚线与虚线相交或虚线与其他图线相交时,应是线段相交。虚线为实线的延长线时,不得与实线连接。

（9）图线不得与文字、数字或符号重叠、混淆,不可避免时,应首先保证文字等的清晰。

3.1.4　符号

1. 剖切符号

（1）剖面图的剖切符号。剖面图的剖切符号应符合下列规定。

① 剖面图的剖切符号应由剖切位置线及投射方向线组成,均应以粗实线绘制。剖切位置线的长度宜为 6~10mm;投射方向线应垂直于剖切位置线,长度应短于剖切位置线,宜为 4~6mm(如图 3-5)。绘制时,剖面图的剖切符号不应与其他图线相接触。

② 剖面图剖切符号的编号宜采用阿拉伯数字,按顺序由左至右、由下至上连续编排,并应注写在剖视方向线的端部。

③ 需要转折的剖切位置线,应在转角的外侧加注与该符号相同的编号。

④ 建(构)筑物剖面图的剖切符号宜标注在 ±0.00 标高的平面图上。

（2）断面的剖切符号。断面的剖切符号应符合下列规定。

① 断面的剖切符号应只用剖切位置线表示,并应以粗实线绘制,长度宜为 6~10mm。

② 断面剖切符号的编号宜采用阿拉伯数字,按顺序连续编排,并应注写在剖切位置线的一侧;编号所在的一侧应为该断面的剖视方向(图 3-6)。

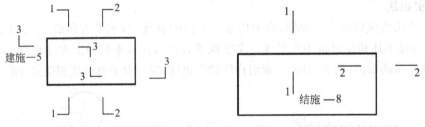

图 3-5　剖面图剖切符号的画法　　　　图 3-6　断面的剖切符号画法

（3）剖面图或断面图如与被剖切图样不在同一张图内,可在剖切位置线的另一侧注明其所在图纸的编号,也可以在图上集中说明。

2. 索引符号与详图符号

图样中的某一局部或构件,如需另见详图,应以索引符号索引(图 3-7(a))。索引符号是由直径为 10mm 的圆和水平直径组成。圆和水平直径均应用细实线绘制。索引符号应按下列规定编写。

（1）索引出的详图如与被索引的详图同在一张图纸内,应在索引符号的上半圆中用阿拉伯数字注明该详图的编号,并在下半圆中间画一段水平细实线(图 3-7(b))。

(2)索引出的详图如与被索引的详图不在同一张图纸内,应在索引符号的上半圆中用阿拉伯数字注明该详图的编号,在索引符号的下半圆中用阿拉伯数字注明该详图所在图纸的编号(图 3-7(c))。数字较多时,可加文字标注。

(3)索引出的详图如采用标准图,应在索引符号水平直径的延长线上加注该标准图册的编号(图 3-7(d))。

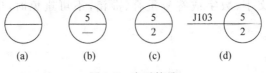

图 3-7　索引符号

(4)索引符号如用于索引剖视详图(如图 3-8 所示),应在被剖切的部位绘制剖切位置线,并以引出线引出索引符号,引出线所在的一侧应为投射方向。

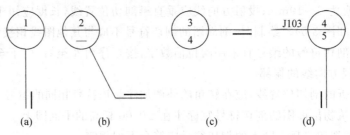

图 3-8　用于索引剖面详图的索引符号

(5)详图的位置和编号,应以详图符号表示。详图符号是用直径为 14mm 的圆绘制的。

3. 引出线

(1)引出线应以细实线绘制,宜采用水平方向的直线,与水平方向成 30°、45°、60°、90° 的直线,或经上述角度再折为水平线。文字说明宜注写在水平线的上方(图 3-9(a)),也可注写在水平线的端部(图 3-9(b))。索引详图的引出线,应与水平直径线相连接(图 3-9(c))。

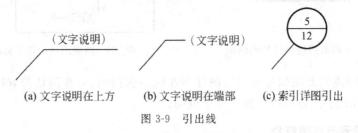

图 3-9　引出线

(2)同时引出几个相同部分的引出线,宜互相平行(图 3-10(a)),也可画成集中于一点的放射线(图 3-10(b))。

(3)多层构造(图 3-11)或多层管道共用引出线,应通过被引出的各层。文字说明宜注写在水平线的上方,也可注写在水平线的端部,说明的顺序应由上至下,并应与被说明的层次相互一致;如层次为横向排序,由上至下的说明顺序应与由左至右的层次相互一致。

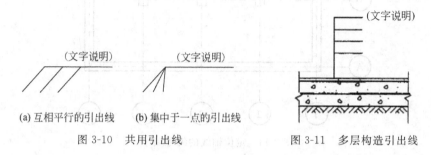

(a) 互相平行的引出线　　(b) 集中于一点的引出线

图 3-10　共用引出线

图 3-11　多层构造引出线

4. 其他符号

(1) 对称符号由对称线和两端的两对平行线组成。对称线用细单点画线绘制;平行线用细实线绘制,其长度宜为 6~10mm,每对的间距宜为 2~3mm,对称线垂直平分于两对平行线,两端超出平行线宜为 2~3mm。

(2) 连接符号应以折断线表示需连接的部位。两部位相距过远时,折断线两端靠图样一侧应标注大写拉丁字母表示连接编号。两个被连接的图样必须用相同的字母编号,如图 3-12 所示。

(3) 指北针的图形,如图 3-13 所示,其圆的直径宜为 24mm,用细实线绘制;指针尾部的宽度宜为 3mm,指针头部应注"北"或 N 字。需用较大直径绘制指北针时,指针尾部宽度宜为直径的 1/8。

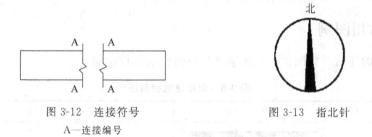

图 3-12　连接符号

A—连接编号

图 3-13　指北针

3.1.5　轴线

绘制图纸中的轴线时,应按照下列要求进行绘制。

(1) 定位轴线应用细点画线绘制。

(2) 定位轴线一般应编号,编号应注写在轴线端部的圆内。圆应用细实线绘制,直径为 8~10mm。定位轴线圆的圆心,应在定位轴线的延长线上或延长线的折线上。

(3) 平面图上定位轴线的编号,宜标注在图样的下方与左侧。横向编号应用阿拉伯数字从左至右顺序编写,竖向编号应按大写拉丁字母从下至上顺序编写,如图 3-14 所示。

(4) 拉丁字母的 I、O、Z 不得用做轴线编号。如字母数量不够,可增用双字母或单字母加数字注脚,如"AA、BA…YA"或"A_1、B_1…Y_1"。

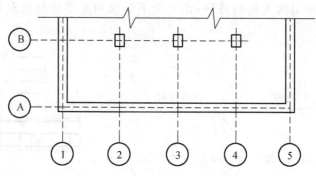

图 3-14 定位轴线的编号顺序

（5）组合较复杂的平面图中定位轴线也可采用分区编号，编号的注写形式应为"分区号—该分区编号"。分区号采用阿拉伯数字或大写拉丁字母表示。

（6）附加定位轴线的编号，应以分数形式表示，并应按下列规定编写。

① 两根轴线间的附加轴线，应以分母表示前一轴线的编号，分子表示附加轴线的编号，编号宜用阿拉伯数字顺序编写，如：

$\frac{1}{2}$ 表示 2 号轴线之后附加的第一根轴线；

$\frac{3}{C}$ 表示 C 号轴线之后附加的第三根轴线。

② 1 号轴线或 A 号轴线之前的附加轴线的分母应以 01 或 0A 表示，如：

$\frac{1}{01}$ 表示 1 号轴线之前附加的第一根轴线；

$\frac{3}{0A}$ 表示 A 号轴线之前附加的第三根轴线。

3.1.6 常用图例

图纸中的建筑材料图例应按照表 3-5 中的要求进行绘制。

表 3-5 常用建筑材料图例

序号	名　　称	图　　例	备　　注
1	自然土层		包括各种自然土层
2	夯实土层		
3	砂、灰土		靠近轮廓线绘制较密的点
4	砂砾石、碎砖三合土		

续表

序号	名 称	图 例	备 注
5	石 材		
6	毛 石		
7	普通砖		包括实心砖、多孔砖、砌块等砌体。断面较窄不易绘出图例线时,可涂红
8	耐火砖		包括耐酸砖等砌体
9	空心砖		指非承重砖砌体
10	饰面砖		包括铺地砖、马赛克、陶瓷锦砖、人造大理石等
11	焦渣、矿渣		包括与水泥、石灰等混合而成的材料
12	混凝土		(1) 本图例指能承重的混凝土及钢筋混凝土 (2) 包括各种强度的、骨料和添加剂的混凝土 (3) 在剖面上画出钢筋时,不画图例线 (4) 断面图形小,不易画出图例线时,可涂黑
13	钢筋混凝土		
14	多孔材料		包括水泥珍珠岩、沥青珍珠岩、泡沫混凝土、非承重加气混凝土、软木、蛭石制品等
15	纤维材料		包括矿棉、岩棉、玻璃棉、麻丝、木丝板、纤维板等
16	泡沫塑料材料		包括聚苯乙烯、聚乙烯、聚氨酯等多孔聚合物类材料
17	木 材	(a)　(b)　(c)　(d)	图(a)～图(c)为横断面,分别为垫木、木砖或木龙骨;图(d)为纵断面

续表

序号	名称	图例	备注
18	胶合板		应注明为×层胶合板
19	石膏板		包括圆孔、方孔石膏板、防水石膏板等
20	金属		(1) 包括各种金属 (2) 图形小时,可涂黑
21	网状材料		(1) 包括金属、塑料网状材料。 (2) 应注明具体金属材料
22	液体		应注明具体液体名称
23	玻璃		包括平板玻璃、磨砂玻璃、夹丝玻璃、钢化玻璃、中空玻璃、夹层玻璃、镀膜玻璃等
24	橡胶		
25	塑料		包括各种软、硬塑料及有机玻璃等
26	防水材料		构造层次多或比例大时,采用上面的图例
27	粉刷		本图例采用较稀的点

注:序号1、2、5、7、9、13、14、16、17、18、24、25图例中的斜线、短斜线、交叉斜线等一律为45°。

3.2 手绘施工图

3.2.1 绘图工具

手绘施工图过程中,往往会用到很多绘图工具,下面对绘图中常用的工具进行讲解。

1) 绘图板

绘图板简称图板(图3-15),常用胶合板制作,其作用是铺放图纸的长方形案板。图板的要求:板面平整光滑、边框平直、四角均为90°,图板的左、右两边镶有工作边(工作边要求平直,以确保作图的准确性)。

绘图板的规格主要有三种:0号图板,其尺寸为900mm×1200mm;1号图板,其尺寸为600mm×900mm;2号图板,其尺寸为450mm×600mm。

绘图板的保存方式：由于多数的绘图板是木制的，所以保存过程中既不能在阳光下暴晒，也不能在潮湿的环境中存放。

2）丁字尺

丁字尺（图 3-16）即丁字形尺，由尺头和尺身组成。画线时，丁字尺的尺头紧靠绘图板的左侧工作边；用丁字尺画水平线的顺序是自上而下依次画出。

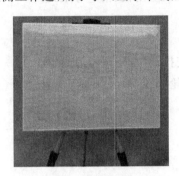

图 3-15　绘图板

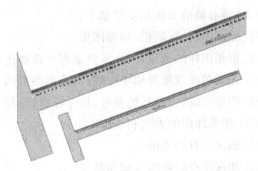

图 3-16　丁字尺

丁字尺的规格：丁字尺多与绘图板规格配套，常用的尺寸有 1500mm、1200mm、1100mm、800mm 和 600mm。

3）三角板

三角板（图 3-17）的作用：与丁字尺配合画铅垂线和水平线成 0°、45°、60°角的倾斜线，用两块三角板组合能画出与水平线成 15°、75°角的倾斜线。

三角板的规格：一种型号为 45°×45°×90°，另一种为 30°×60°×90°。

三角板的使用方法：画线时，使丁字尺尺头与绘图板工作边靠近，三角板与丁字尺紧靠，左手按住三角板和丁字尺，右手画竖线和斜线。

4）比例尺

比例尺是图上线段长度与实际线段长度的比值。放大、缩小比例要借助一定的工具，这种工具就是比例尺，如图 3-18 所示。

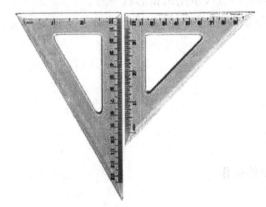

图 3-17　三角板

图 3-18　比例尺

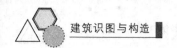

比例尺的作用：在不经过计算的时候，可直接在尺上找到缩放后的长度。

3.2.2 绘图步骤及方法

绘图步骤及方法的主要内容如下。

（1）制图前做好准备工作，例如准备好画板、丁字尺、三角板、铅笔等工具。

（2）画底稿的方法和步骤如下。

① 先画图框、标题栏，后画图形。

② 根据图样的数量、大小及复杂程度选择比例，安排图位，定好图形的中心线。

③ 先画轴线或轴对称中心线，然后画图形的主要轮廓线，最后画细部内容。

④ 图形完成后，画其他符号、尺寸标准，注写文字。

（3）铅笔加深的方法和步骤。

① 加深所有的点画线。

② 加深所有的粗实线圆和圆弧。

③ 从上而下依次加深所有水平的粗实线。

④ 从左向右依次加深所有铅垂的粗实线。

⑤ 从左上方开始，依次加深所有倾斜的粗实线。

⑥ 按加深粗实线的同样步骤依次加深所有虚线圆及圆弧，水平的、铅垂的和倾斜的虚线。

⑦ 加深所有的细实线和波浪线等。

⑧ 画符号和箭头，标准尺寸，书写文字和填标题栏。

⑨ 检查全图。

（4）绘图时的注意事项。

① 画底稿的铅笔用 H 至 3H，线条要轻且细。

② 加深粗实线的铅笔用 HB 或 B，加深细实线的铅笔用 H 或 2H。写字的铅笔用 H 或 HB。加深圆弧时使用的铅芯，应比加深同类型直线所用的铅芯软一号。

③ 修图时，如果是绘图墨水绘制的，应等墨线干透后，用刀片刮去需要修整的部分，再重新画上正确的图线。

复习思考题

1. 画底稿的方法和步骤有哪些？

2. 铅笔加深的方法和步骤有哪些？

3. 按照图 3-19 所给出的施工图，进行手绘操作。

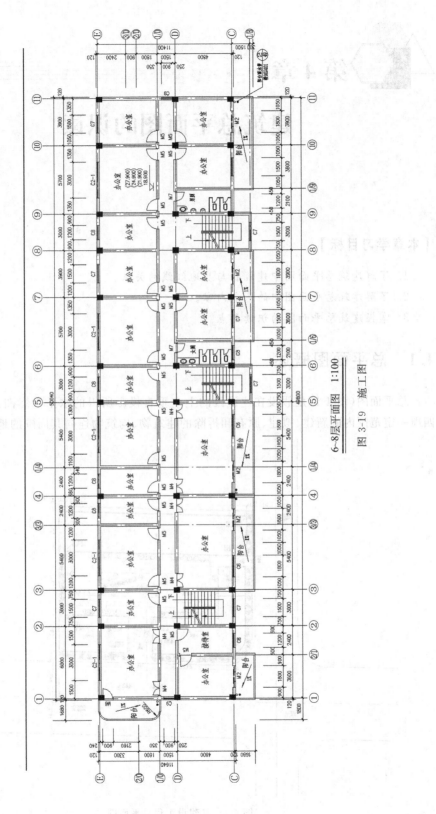

6~8层平面图　1:100

图 3-19　施工图

第4章

建筑总平面图的识读

【本章学习目标】

1. 了解建筑总平面图中建筑物与基地红线的关系。
2. 了解建筑总平面图中的基本内容。
3. 掌握建筑总平面图的识读要点。

4.1 总平面图概述

总平面图(图 4-1)是假设在建设区的上空垂直投影所得的水平投影图。将新建工程四周一定范围内的新建、拟建、原有和拆除的建筑物、构筑物连同其周围的地形、地物状况

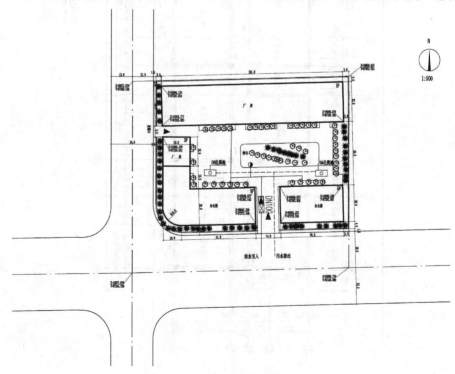

图 4-1 某建设工程总平面图

用水平投影的方法和相应的图例所画出的图样,即为总平面图。总平面图主要表示新建房屋的位置、朝向、与原有建筑物的关系,以及周围道路、绿化和给水、排水、供电条件等方面的情况,作为新建房屋施工定位、土方施工、设备管网平面布置,安排在施工时进入现场的材料和构件、配件堆放场地、构件预制的场地以及运输道路的依据。

4.2 总平面图识读要点

4.2.1 总平面图的基本内容

总平面图包含的内容如下。

(1)图名、比例。总平面图因范围较大,所以绘制时一般用较小的比例,如1∶2000、1∶1000、1∶500等。

(2)新建建筑所处的地形。若建筑物建在起伏不平的地面上,应画出等高线并标注高度。

(3)新建建筑的具体位置。在总平面图中应详细表达出新建建筑的定位方式。总平面图确定新建或扩建工程的具体位置,用定位尺寸或坐标确定,定位尺寸一般根据原有房屋或道路中心线来确定。当新建成片的建筑物和构筑物或较大的公共建筑或厂房时,往往用坐标来确定每一处建筑物及道路转折点等的位置。施工坐标的坐标代号宜用"A、B"表示。若标注测量坐标,则坐标代号用"X、Y"表示。总平面图上标注的尺寸一律以"米"为单位,并且标注到小数点后两位。

(4)注明新建房屋底层室内地面和室外整平地面的绝对标高。总平面图应注明新建房屋室内(底层)地面和室外整坪地面的标高。总平面图中标高的数值以"米"为单位,一般标注到小数点后两位。图中所标注的数值均为绝对标高。总平面图表明建筑物的层数,在单体建筑平面图角上,画有几个小黑点表示建筑物的层数。对于高层建筑可以用数字表示层数。

(5)相邻有关建筑,以及拆除建筑的大小、位置或范围。

(6)附近的地形和地物等,如道路、河流、水沟、池塘、土坡。

(7)指北针或风向频率玫瑰图。总平面图会画上风向频率玫瑰图或指北针,表示该地区的常年风向频率和建筑物、构筑物等的朝向。风向频率玫瑰图是根据当地多年统计的各个方向吹风次数的百分数按一定比例绘制的。风吹方向是指从外面吹向中心。实线是全年风向频率,虚线是夏季风向频率。有的总平面图上只画指北针而不画风向频率玫瑰图。

(8)绿化规划、给排水、采暖管道和电线布置。

4.2.2 总平面图识读能够得到的信息

(1)看图名、比例、图例及有关的文字说明。

(2)了解工程的用地范围、地形地貌和周围环境情况。

(3)了解拟建房屋的平面位置和定位依据。

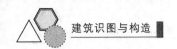

（4）了解拟建房屋的朝向和主要风向。

（5）了解道路交通情况，了解建筑物周围的给水、排水、供暖和供电的位置，管线布置走向；了解绿化、美化的要求和布置情况。

4.2.3　总平面图中建筑物与基地红线的关系

1.基地红线概述

基地红线是工程项目立项时，规划部门在下发的基地蓝图上所圈定的建筑用地范围。如基地与城市道路接壤，其相邻处的红线应该即为城市道路红线，而其余部分的红线即为基地与相邻的其他基地的分界线。在规划部门下发的基地蓝图上，基地红线往往在转折处的拐点上用坐标标明位置。注意该坐标系统是以南北方向为 X 轴，以东西方向为 Y 轴，数值向北、向东递进。

2.建筑物与基地红线的关系

建筑物与基地红线关系的具体内容如表 4-1 所示。

表 4-1　建筑物与基地红线的关系

序号	内　　容
1	建筑物的高度不应影响相邻基地邻近的建筑物的最低日照要求
2	建筑物的台阶、平台不得突出于城市道路红线之外。其上部的突出物也应在规范规定的高度和范围之内，才准许凸出于城市道路红线之外
3	紧接基地红线的建筑物，除非相邻地界为城市规划规定的永久性空地，否则不得朝向邻地开设门窗洞口，不得设阳台、挑檐，不得向邻地排泄雨水或废气
4	建筑物与相邻基地之间，应在边界红线范围以内留出防火通道或空地。除非建筑物前后都留有空地或道路，并符合消防规范的要求，才能与相邻基地的建筑毗邻建造
5	建筑物应该根据城市规划的要求，将其基底范围，包括基础和除去与城市管线相连接的部分以外的埋地管线，都控制在红线的范围之内。如果城市规划主管部门对建筑物退界距离还有其他要求，也应一并遵守

4.2.4　总平面图识读实例解析

1.总平面图识读关键要素

（1）必须阅读文字说明，熟悉图纸和了解图的比例。

（2）了解图中总体布置，例如图中的地形、地貌、道路、地上构筑物、地下各种管网布置走向和水、暖、电等管线在新建房屋的引入方向等内容。

（3）新建房屋确定位置和标高的依据。

2.总平面图识读实例

总平面图识读的实例解析以图 4-2 为例进行解析。

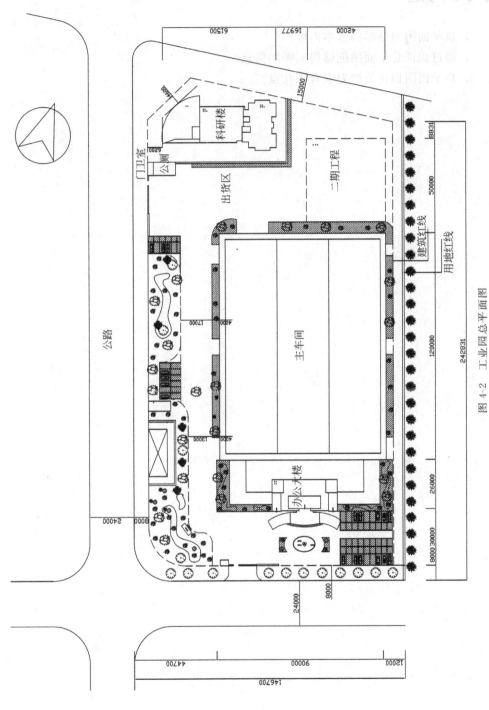

图 4-2　工业园总平面图

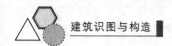

复习思考题

1. 总平面图包括哪些基本内容？
2. 通过识读总平面图能够得到哪些信息？
3. 总平面图识读关键要素有哪几点？

第 5 章

投影基础知识

【本章学习目标】

1. 了解平面图的定义。

2. 了解平面图的常用比例。

3. 理解平面图的识读步骤。

4. 掌握平面图的识读方法。

5.1 平面图概述

建筑平面图是假想用一水平的剖切平面,沿着房屋门窗洞口的位置,将房屋剖开,拿掉上面的部分,对剖切平面以下部分所做出的水平投影图,简称平面图。平面图(除屋顶平面图外)实际上是一个房屋的水平全剖图,它反映出房屋的平面形状、大小和房间的布置,墙或柱的位置、大小、厚度和材料,门窗的类型和位置等情况。平面图是施工图中最基本的图样之一。

用一水平面剖切到底层门窗洞口所得到的平面图称为底层平面图,又称为首层平面图或一层平面图,如图 5-1 所示。用一水平面剖切到二层门窗洞口所得到的平面图称为二层平面图。在多层和高层建筑中,中间几层剖切后的图形常常是相同的,此时就只绘制一个平面图作为代表,称为标准层平面图。用一水平面剖切到最上一层门窗洞口得到的平面图称为顶屋平面图。将房屋直接从上向下进行投射得到的平面图称为屋顶平面图。因此,在多层和高层建筑中一般有底层平面图、标准层平面图、顶层平面图和屋顶平面图四种。此外,随着建筑层高的增加和构造的复杂化,还出现了地下层(± 0.000 以下)平面图和设备层平面图、夹层平面图等。

建筑平面图常用的比例是 1:50、1:100 或 1:200,其中 1:100 使用最多。建筑平面图的方向宜与总平面图的方向一致,平面图的长边宜与横式幅面图纸的长边一致。

建筑平面图能够反映建筑物的平面组合,墙体、柱等承重构件的位置,门窗的尺寸、位置以及其他配件的位置等,是施工中参考的重要图样,也是施工放线的依据。

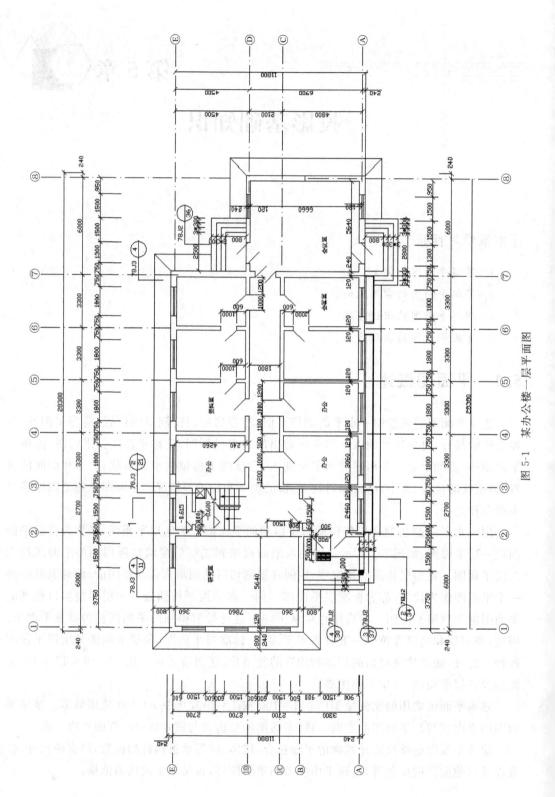

图 5-1 某办公楼一层平面图

5.2　平面图的识读要点

5.2.1　平面图的基本内容

建筑平面图纸上的内容主要有三大类：图形及符号、文字、尺寸标注。我们应掌握关于每一类的相关规定、常识，掌握每一类所表示的意义、内容。建筑平面图一般包括下列内容。

（1）建筑物平面的形状及总长、总宽等尺寸，房间的位置、形状、大小、用途及相互关系。从平面图的形状与总长和总宽尺寸，可计算出房屋的用地面积。

（2）承重墙和柱的位置、尺寸、材料、形状、墙的厚度、门窗的宽度等，以及走廊、楼梯（电梯）、出入口的位置、形式和走向等。

（3）门和窗的编号、位置、数量及尺寸。门、窗均按比例画出。门的开启线为 45° 和 90°，开启弧线应在平面图中标示出来。门用 M 表示，窗用 C 表示，高窗用 GC 表示，并采用阿拉伯数字编号，如 M-1、M-2、M-3、M-4…C-1、C-2、C-3、C-4…同一编号代表同一类型的门或窗。当门窗采用标准图时，注写标准图集编号及图号。从门、窗编号中可知门、窗共有多少种，一般情况下，在本页图纸上或前面图纸上附有一个门、窗表，列出门、窗的编号、名称、洞口尺寸及数量。

（4）室内空间以及顶棚、地面、各个墙面和构件细部做法。

（5）标注出建筑物及其各部分的平面尺寸和标高。在平面图中，一般标注三道外部尺寸。最外面的一道尺寸标出建筑物的总长和总宽，表示外轮廓的总尺寸，又称外包尺寸；中间的一道尺寸标出房间的开间及进深尺寸，表示轴线间的距离，称为轴线尺寸；里面的一道尺寸标出门窗洞口、墙厚等尺寸，表示各细部的位置及大小，称为细部尺寸。另外，还应标注出某些部位的局部尺寸，如门窗洞口定位尺寸及宽度，以及一些构配件的定位尺寸和形状，如楼梯、隔板、各种卫生设备等。

（6）对于底层平面图，还应标注室外台阶、花池、散水等局部尺寸。

（7）室外台阶、花池、散水和雨水管的大小与位置。

（8）在底层平时图上画有指北针符号，以确定建筑物的朝向，另外还要画上剖面图的剖切位置，以便与剖面图对照查阅，在需要引出详图的细部处，应画出索引符号。对于用文字说明能表达更清楚的情况，可以在图纸上用文字进行说明。

（9）屋顶平面图上一般应表示出屋顶形状及构配件，包括女儿墙、檐沟、屋面坡度、分水线与雨水口、变形缝、楼梯间、水箱间、天窗、上人孔、消防梯及其他构筑物、索引符号等。

（10）文字说明表达识图中表示不全的内容。如砖、砂浆、混凝土的强度等级，以及对施工的要求等。

5.2.2　平面图的识读步骤

平面图总体识读步骤为：识读首层平面图，识读其他楼层平面图，识读屋顶平面图，具体内容如下。

1. 首层平面图的识读

首层平面图的识读步骤如下。

（1）了解平面图的图名、比例及文字说明。

（2）了解建筑的朝向、纵横定位轴线及编号。

（3）了解建筑的结构形式。

（4）了解建筑的平面布置、作用及交通联系。

（5）了解建筑平面图上的形状和尺寸。

（6）了解建筑中各组成部分的标高情况。

（7）了解房屋的开间、进深、细部尺寸。

（8）了解门窗的位置、编号、数量及型号。

（9）了解建筑剖面图的剖切位置、索引标志。

（10）了解各专业设备的布置情况。

2. 其他楼层平面图的识读

其他楼层平面图包括标准层平面图和顶层平面图，其形成与首层平面图的形成相同。在标准层平面图上，为了简化作图，已在首层平面图上表示过的内容不再表示。识读标准层平面图时，重点应与首层平面图对照异同。

3. 屋顶平面图的识读

屋顶平面图主要反映屋面上天窗、水箱、铁爬梯、通风道、女儿墙、变形缝等的位置以及采用标准图集的代号，屋面排水分区、排水方向、坡度，雨水口的位置、尺寸等内容。在屋顶平面图上，各种构件只用图例画出，用索引符号表示出详图的位置，用尺寸具体表示构件在屋顶上的位置。

5.2.3 平面图的识读方法

（1）多层房屋的各层平面图，原则上从最下层平面图开始（有地下室时，从地下室平面图开始；无地下室时，从首层平面图开始）逐层读到顶层平面图，且不能忽视全部文字说明。

（2）每层平面图，先从轴线间距尺寸开始，记住开间、进深尺寸，再看墙厚和柱的尺寸以及它们与轴线的关系，门窗尺寸和位置等。宜按先大后小、先粗后细、先主体后装修的步骤阅读，最后可按不同的房间，逐个掌握图纸上表达的内容。

（3）认真校核各处的尺寸和标高有无注错或遗漏的地方。

（4）细心核对门窗型号和数量，掌握内装修的各处做法，统计各层所需过梁型号、数量。

（5）将各层的做法综合起来考虑，了解上、下各层之间有无矛盾，以便从各层平面图中逐步树立起建筑物的整体概念，并为进一步阅读建筑专业的立面图、剖面图和详图，以及结构专业图打下基础。

5.2.4 平面图识读实例解析

1. 首层平面图识读实例解析

首层平面图识读实例解析如图5-2所示。

2. 其他楼层平面图识读实例解析

其他楼层平面图识读实例解析如图5-3所示。

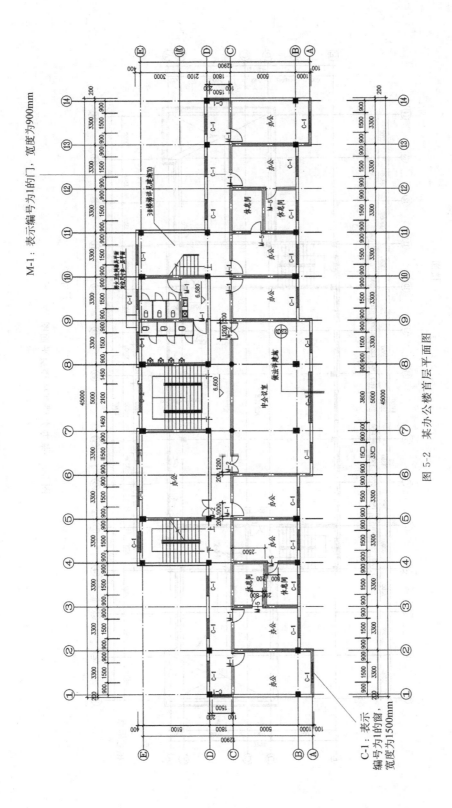

图 5-2　某办公楼首层平面图

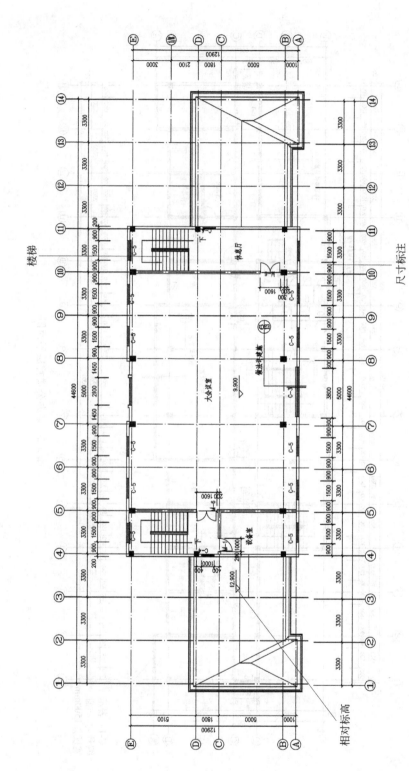

图 5-3 某办公楼其他楼层平面图

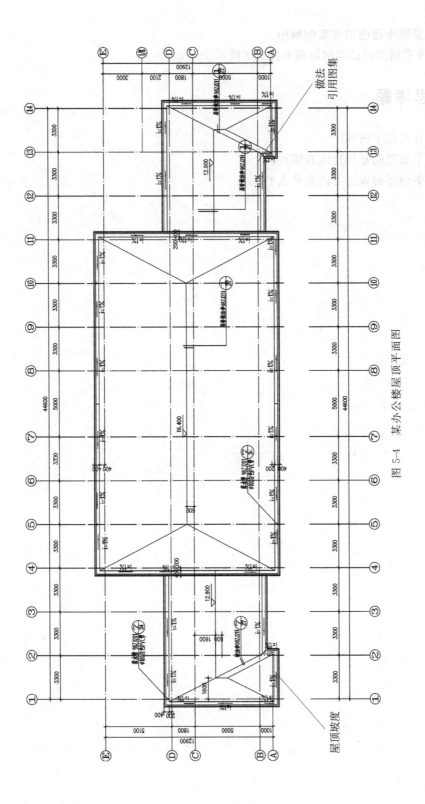

图 5-4 某办公楼屋顶平面图

3. 屋顶平面图识读实例解析

屋顶平面图识读实例解析如图 5-4 所示。

复习思考题

1. 什么是平面图?
2. 平面图的常用比例有哪些?
3. 平面图的识读方法是什么?

第6章

建筑立面图的识读

【本章学习目标】

1. 了解立面图的定义。
2. 了解立面图的命名方式。
3. 理解立面图的基本内容。
4. 掌握立面图的识读步骤及方法。

6.1 立面图概述

在与建筑立面平行的铅直投影面上所做的正投影图,称为建筑立面图,简称立面图,如图 6-1 所示。立面图的命名方式见表 6-1。

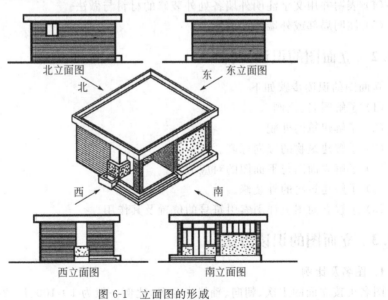

图 6-1 立面图的形成

表 6-1 立面图的命名方式

名　　称	主 要 内 容
用朝向命名	将建筑物反映主要出入口或显著地反映外貌特征的那一面称为正立面图,其余立面图依次为背立面图、左立面图和右立面图
用建筑平面图中的首尾轴线命名	按照观察者面向建筑物从左到右的轴线顺序命名。图 6-1 中标出了建筑立面图的投影方向和名称
按外貌特征命名	建筑立面图主要反映房屋的外貌、门窗的形式和位置、墙面的材料和装修做法等,是施工的重要依据

6.2　立面图的识读要点

6.2.1　立面图的基本内容

(1) 立面图包括表面建筑的外形及门窗、阳台、雨篷、台阶、花台、闷头、勒脚、檐口、雨水管、烟囱、通风道和外楼梯等的形式和位置。

(2) 通常外部在垂直方向标注三条尺寸线,即最外一条为室外地坪至檐口上皮(或女儿墙上皮)的总高度;中间一条为室内外高度差,各层层高和顶层层高线至檐口上皮(或女儿墙上皮)的尺寸;最里一条为窗台高、门窗高、门窗以上至上层层高线的高度尺寸。水平方向仅标注轴线间的尺寸。

(3) 立面图通常标注室外地坪、首层地面、各层楼面、顶层结构顶板上皮、檐口(或女儿墙)和屋脊上皮标高以及外部尺寸不易注明的一些构件的标高等。

(4) 表明并用文字注明外墙各处外装修的材料与做法。

(5) 注明局部或外墙详图的索引。

6.2.2　立面图的识读步骤

立面图的识读步骤如下。

(1) 了解图名、比例。

(2) 了解建筑的外貌。

(3) 了解建筑物的竖向标高。

(4) 了解立面图与平面图的对应关系。

(5) 了解建筑物的外装修。

(6) 了解立面图上详图索引符号的位置及其作用。

6.2.3　立面图的识读方法

1. 图名及比例

图名可按立面的主次、朝向、轴线来命名,比例一般为 1：100、1：200。

2. 定位轴线

在立面图中一般只画出两端的定位轴线并注出其编号,以便与建筑平面图中的轴线编号对应。

3. 图线

为了加强图面效果,使外形清晰、重点突出和层次分明,通常以线型的粗细层次来帮助读者清楚地了解房屋外形、里面上的突出构件以及房屋前后的层次。

立面图上的图线分为四种。

(1) 特粗实线(或加粗实线):室外地面线,线宽为 1.4b。

(2) 粗实线:建筑立面的外轮廓线通常画成粗实线,线宽为 b。

(3) 中粗实线:门窗洞、台阶、花台等凹进或凸出墙面的轮廓线、较大的建筑物构配件轮廓线画成中粗(0.5b)(凸出的雨篷、阳台和立面上其他凸出的线脚等轮廓线可以和门窗洞的轮廓线用同等粗度,有时也可比门窗洞的轮廓线略粗一些)。

细实线:较为细小的建筑构配件或装修线、门窗扇及其分格线、花饰、雨水管、墙面分格线(包括引条线)、外墙勒脚线以及用料注释引出线和标高符号等都画细实线(0.25b)。

4. 门窗的形状、位置以及开启方向

对于大小型号相同的窗,只要详细画出一两个即可,其他可简单画出。另外,窗框尺寸本来很小,再用比较小的比例绘制,实际尺寸是画不出来的,所以门、窗也按规定图例绘制,门窗的形状、门窗扇的分隔与开启情况,也用图例按照实际情况绘制。立面图中的窗上画有斜向细线,是开启方向符号。细实线表示向外开,细虚线表示向内开。一般无须把所有窗都画上开启符号,凡是窗的型号相同的,只画其中一两个即可。除了门连窗外,一般在立面图中可不表示门的开启方向,因为门的开启方式和方向已经在平面图中表示得很清楚了。

5. 标高以及其他需要标注的尺寸

立面图上的高度尺寸主要用标高的形式来标注。标高要注意建筑标高和结构标高的区分。建筑标高是指楼地面、屋面等装修完成后构件的上表面的建筑标高。如楼面、台阶顶面等标高。结构标高是指结构构件未经装修的下底面的标高。如圈梁底面、雨篷底面等标高。

建筑立面图中标注标高的部位一般情况下有:室内外地面、出入口平台面、门窗洞的上下口表面、女儿墙压顶面、水箱顶面、雨篷底面、阳台底面或阳台栏杆顶面等。除了标注标高之外,有时还注出一些并无详图的局部尺寸,立面图中的长、宽尺寸应该与平面图中的长、宽尺寸对应。

6. 详图索引符号和文字说明

在立面图中凡需绘制详图的部位,画上详图索引符号,而立面层装饰的主要做法,也可以在立面图中注写简要的文字说明。

6.2.4　立面图识读实例解析

1. 正立面图的识读

正立面图的识读解析如图 6-2 所示。

2. 背立面图的识读

背立面图的识读解析如图 6-3 所示。

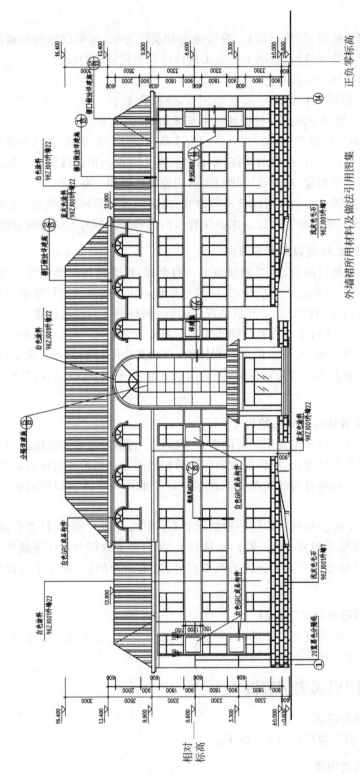

图 6-2 某办公楼正立面图

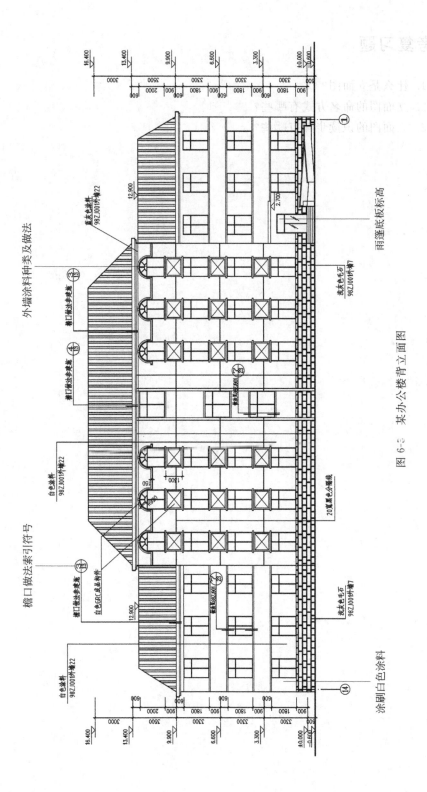

图 6-5　某办公楼背立面图

思考复习题

1. 什么是立面图？
2. 立面图的命名方式有哪些？
3. 立面图的识读步骤有哪些？

第 7 章

建筑剖面图的识读

【本章学习目标】

   1. 了解建筑剖面图的定义。

   2. 了解建筑剖面图的基本内容。

   3. 掌握剖面图的识读步骤及方法。

7.1 剖面图概述

    建筑剖面图是用一假想的竖直剖切平面,垂直于外墙将房屋剖开,移去剖切平面与观察者之间的部分,做出剩下部分的正投影图,简称剖面图。

    剖面图表示房屋内部的结构或构造形式、分层情况和各部位的联系、材料及其高度等,是与平面图、立面图相互配合的重要图样。剖切面一般为横向,即平行于侧面,必要时也可为纵向,即平行于正面。其位置应选择能反映出房屋内部构造比较复杂与典型的部位。剖面图的名称应与平面图上所标注的一致。

    建筑剖面图用来表达建筑物内部垂直方向尺寸、楼层分层情况与层高、门窗洞口与窗台高度及简要的结构形式和构造方式等情况。它与建筑平面图、立面图相配合,是建筑施工图中不可缺少的重要图样之一。因此,剖面图的剖切位置应选择能反映房屋全貌、构造特征以及有代表性的部位,并在底层平面图中标明。

    剖面图的剖切位置应选择在楼梯间、门窗洞口及构造比较复杂的典型部位或有代表性的部位,其数量应根据房屋的复杂程度和施工实际需要而定。在一般规模不大的工程中,房屋的剖面图通常只有一个,当工程规模较大或平面形状较复杂时,则要根据实际需要确定剖面图的数量,也可能是两个或几个。两层以上的楼房一般至少要有一个楼梯间的剖面图。剖面图的剖切位置和剖视方向,可以从底层平面图找到。剖面图的名称必须与底层平面图上所标的剖切位置和剖视方向一致。

7.2 剖面图的识读要点

7.2.1 剖面图的基本内容

    剖面图的主要内容可概括如下。

（1）图名、比例。剖面图的图名、比例应与平面图、立面图一致，一般采用 1：50、1：100、1：200，视房屋的复杂程度而定。

（2）定位轴线及其尺寸。应注出被剖切到的各承重墙的定位轴线的轴线编号和尺寸，分别应与底层平面图中标明的剖切位置编号、轴线编号一一对应。

（3）剖切到的构配件及构造。例如剖切到的屋面（包括隔热层及吊顶）、楼面、室内外地面（包括台阶、明沟及散水等），剖切到的内外墙身及其门、窗（包括过梁、圈梁、防潮层、女儿墙及压顶），剖切到的各种承重梁和连系梁、楼梯梯段及楼梯平台、雨篷及雨篷梁、阳台、走廊等的位置和形状、尺寸；除了有地下室的以外，一般不画出地面以下的基础。

（4）未剖切到的可见构配件。例如可见的楼梯梯段、栏杆扶手、走廊端头的窗；可见的墙面、梁、柱，可见的阳台、雨篷、门窗、水斗和雨水管，可见的踢脚和室内的各种装饰等。

（5）垂直方向的尺寸及标高外墙的竖向尺寸。

（6）详图索引符号与某些用料、做法的文字注释。由于建筑剖面图的图样比例限制了房屋构造与配件的详细表达，是否用详图索引符号，或者用文字进行注释，应根据审计深度和图纸用途确定。例如用多种材料构筑成的楼地面、屋面等，其构造层次和做法一般可以用索引符号给以索引，另有详图详细标明，也可由施工说明来统一表达，或者直接用多层构造的共用引出线顺序说明。

7.2.2　剖面图的识读步骤

剖面图的识读步骤如下。

（1）了解图名、比例。

（2）了解剖面图与平面图的对应关系。

（3）了解被剖切到的墙体、楼板、楼梯和屋顶。

（4）了解屋面、楼面、地面的构造层次及做法。

（5）了解屋面的排水方式。

（6）了解可见的部分。

（7）了解剖面图上的尺寸标注。

（8）了解详图索引符号的位置和编号。

7.2.3　剖面图的识读方法

剖面图的识读方法如下。

（1）按照平面图中标明的剖切位置和剖视方向，检核剖面图所标明的轴线号、剖切部位和内容与平面图是否一致。

（2）校对尺寸、标高是否与平面图、立面图相一致；校对剖面图中内装修做法与材料做法是否一致。在校对尺寸、标高和材料做法中，加深对房屋内部各处做法的整体概念的理解。

7.2.4　剖面图识读实例解析

剖面图识读实例解析如图 7-1 所示。

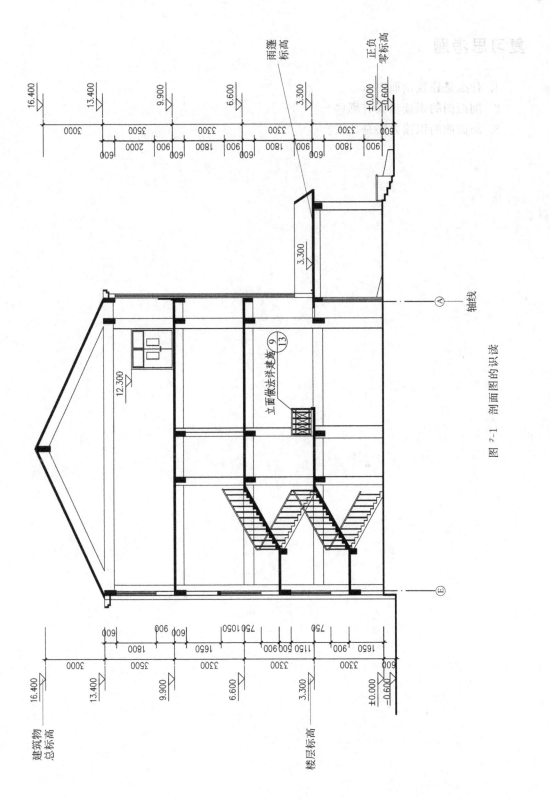

图 7-1　剖面图的识读

复习思考题

1. 什么是建筑剖面图？
2. 剖面图的识读步骤有哪些？
3. 剖面图的识读方法是什么？

第8章

建筑外墙详图的识读

【本章学习目标】

1. 了解外墙详图的定义。
2. 理解外墙详图的基本内容。
3. 掌握外墙详图的识读步骤及方法。

8.1 外墙详图概述

首先介绍一下建筑详图的特点及种类。

建筑详图的特点:一是比例大,二是图示内容清楚,三是尺寸标注齐全、文字说明详尽。建筑详图是建筑细部的施工图,是对建筑平面、立面、剖面图等基本图样的深化和补充,是建筑工程的细部施工、建筑构配件的制作及编制预算的依据。

建筑详图的种类:建筑详图可分为节点构造详图和构配件详图两类。凡表达房屋某一局部构造做法和材料组成的详图称为节点构造详图(如檐口、窗台、勒脚、明沟等);凡表明构配件本身构造的详图,称为构件详图或配件详图(如门、窗、楼梯、花格、雨水管等)。

外墙详图也叫外墙大样图,是建筑剖面图上外墙体的放大图样,表达外墙与地面、楼面、屋面的构造连接情况以及檐口、门窗顶、窗台、勒脚、防潮层、散水、明沟的尺寸、材料、做法等构造情况,是砌墙、室内外装修、门窗安装、编制施工预算以及材料估算等的重要依据。

在多层房屋中,各层构造情况基本相同,可只画墙脚、檐口和中间部分三个节点。门窗一般采用标准图集,为了简化作图,通常采用省略画法,即门窗在洞口处断开。

8.2 外墙形体的识读要点

8.2.1 外墙详图基本内容

外墙详图的基本内容如下。

1) 墙与轴线的关系

表明外墙厚度、外墙与轴线的关系,在墙厚或墙与轴线关系有变化处,都应标注清楚。

2）室内外地面处的节点

表明基础厚度、室外地坪的位置、明沟、散水、台阶或坡道的做法，墙身防潮层的做法，首层地面与暖气槽、罩和暖气管件的做法，勒脚、踢脚板或墙裙的做法，以及首层室内外窗台的做法等。

3）楼层处的节点

包括从下层窗穿过梁至本层窗台范围里的全部内容。常包括门窗过梁、雨罩或遮阳板、楼板、圈梁、阳台和阳台栏板或栏杆等。当若干层节点相同时，可用一个图样表示，但应标出若干层的楼面标高。

4）屋顶檐口处的节点

表明自顶层窗过梁到檐口、女儿墙上皮范围内的全部内容，通常包括门窗过梁、雨罩或遮阳板、顶层屋顶板或屋架等。

5）各处尺寸与标高的标注

原则上应与立面图、剖面图一致并标注于相同处，挑出构件应加注挑出长度的尺寸、挑出构件结构下皮的标高。尺寸与标高的标注总原则通常是：除层高线的标高为建筑面层以外（且平屋顶顶层层高常以结构顶板为准），都宜标注结构面的尺寸标高。

6）应表达清楚室内外装修各构造部位的详细做法

某些部位图面比例小不易表达出更详细的细部做法时，应标注文字说明或给出图索引。

8.2.2　外墙详图的识读步骤

外墙详图的识读步骤如下。

（1）了解墙身详图的图名和比例。

（2）了解墙角构造。

（3）了解中间节点。

（4）了解檐口部位。

8.2.3　外墙详图的识读方法

外墙详图识读方法的主要内容如下。

（1）由于外墙详图能较明确、清楚地表明每项工程绝大部分主体与装修的做法，所以除读懂图面所表达的全部内容外，还应较认真、仔细地与其他图纸联系阅读。

（2）应反复校核各图中尺寸、标高是否一致，并应与本专业图纸或结构专业的图纸反复校核。

（3）除认真阅读详图和被剖切部分的做法外，对图面表达的未剖切到的可见轮廓线不可忽视，因为一条可见轮廓线可能代表一种材料和做法。

8.2.4　外墙详图识读实例解析

外墙详图识读解析如图 8-1 所示。

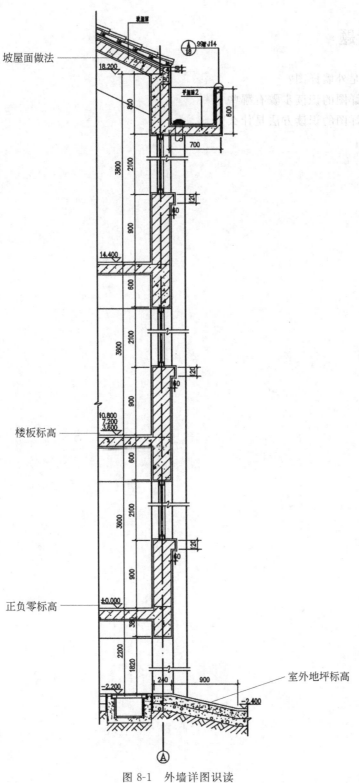

图 8-1 外墙详图识读

复习思考题

1. 什么是外墙详图？
2. 外墙详图的识读步骤有哪些？
3. 外墙详图的识读方法是什么？

第 9 章

建筑楼梯详图的识读

【本章学习目标】

　　1. 了解建筑楼梯详图的作用。
　　2. 理解楼梯详图的基本内容。
　　3. 掌握楼梯详图的识读步骤及方法。

9.1　建筑楼梯详图的作用

　　楼梯由梯段(包括踏步和斜梁)、平台(包括平台板和平台梁)和栏板(或栏杆)等部分组成。楼梯的构造比较复杂,一般需另画详图,以表示楼梯的类型、结构形式、各部位尺寸及装修做法,是楼梯施工放样的主要依据。

9.2　建筑楼梯详图的识读要点

9.2.1　建筑楼梯详图的基本内容

　　楼梯建筑详图由楼梯间平面图(除首层和顶层平面图外,三层以上的房屋,如中间隔层楼梯做法完全相同时,可只画标准层平面图)和剖面图(三层以上的房屋,如中间隔层楼梯做法完全相同时,也可用一个标准层的剖面表明多层)组成。楼梯详图一般由踏步、栏板(或栏杆)、扶手等详图组成。

1. 楼梯平面图

楼梯平面图包括如下内容。

　　(1)各层平面图所表达的内容,习惯上都以本层地面以上到休息板之间所做的水平剖切面为界限。如以三层楼房的两跑楼梯为例,将楼梯与休息板自上而下编号时,首层平面图应表示出楼梯第一跑的下半部和第一跑下的隔墙、门、外门和室内外台阶等。二层平面图应表示出第一跑的上半部、第一个休息板、第二跑、二层楼面和第三跑的下半部。三层平面图应表示出第三跑的上半部、第二个休息板、第四跑和三层楼面。

　　(2)除应注明楼梯间的轴线和标号外,必须注明楼梯跑宽度,两跑间的水平距离,休息板和楼层平台板的宽度,以及楼梯跑的水平投影长度。还应注有楼梯间墙厚、门和窗等

位置尺寸。

（3）自各楼层、地面为起点，标明有"上"或"下"的箭头，以反映出楼梯的走向。图中一般都标有地面、各楼面和休息板面的标高。首层剖面图应注有楼梯剖面图的索引。

2. 楼梯剖面图

表明各楼层和休息板的标高，各楼梯跑的踏步数和楼梯跑数，各构架的搭接做法，楼梯栏杆的样式和扶手的高度，楼梯间门窗洞口的位置和尺寸等。

3. 楼梯栏杆（栏板）、扶手和踏步大样图

表明栏杆（栏板）的样式、高度、尺寸、材料，及其与踏步、墙面的搭接方法，踏步及休息板的材料、做法及详细尺寸等。

4. 其他情况

当建筑结构两专业楼梯详图绘制在一起时，除表明以上建筑方面的内容外，还应表明选用的预制钢筋混凝土各构件的型号和各构件搭接处的节点构造，以及标准构件图集的索引号。

9.2.2 建筑楼梯详图的识读步骤

1. 楼梯平面图的识读步骤

（1）了解楼梯在建筑平面图中的位置及有关轴线的布置。

（2）了解楼梯的平面形式、踏步尺寸、楼梯的走向。

（3）了解楼梯间的开间、进深、墙体的厚度。

（4）了解楼梯和休息平台的平面形式和位置，踏步的宽度和数量。

（5）了解楼梯间各楼层平台、梯段、楼梯井和休息平台台面的标高。

（6）了解中间层平面图中三个不同梯段的投影。

（7）了解楼梯间墙、柱、门、窗的平面位置、编号和尺寸。

（8）了解楼梯剖面图在楼梯底层平面图中的剖切位置。

2. 楼梯剖面图的识读步骤

（1）了解楼梯的构造形式。

（2）了解楼梯在竖向和进深方向的有关尺寸。

（3）了解楼梯段、平台、栏杆、扶手等的构造和用料说明。

（4）了解被剖切梯段的踏步级数。

（5）了解图中的索引符号。

3. 楼梯节点详图的识读步骤

楼梯节点详图主要表达楼梯栏杆、踏步、扶手的做法，如采用标准图集，则直接引注标准图集代号，如采用的形式特殊，则用 1∶10、1∶5、1∶2 或 1∶1 的比例详细表示其形状、大小、所采用材料以及具体做法。

9.2.3　建筑楼梯详图的识读方法

（1）根据轴线编号查清楼梯详图和建筑平面、立面、剖面图的关系。

（2）楼梯间门窗洞口及圈梁的位置和标高，要与建筑平面、立面、剖面图和结构图对照查看。

（3）当楼梯详图建筑、结构两专业分别绘制时，阅读楼梯建筑详图应对照结构图，校核楼梯梁和板的尺寸与标高是否与建筑装修相符合。

9.2.4　建筑楼梯详图识读实例解析

1. 建筑楼梯平面图识读

建筑楼梯平面图识读解析如图 9-1 所示。

2. 建筑楼梯剖面图识读

建筑楼梯剖面图识读解析如图 9-2 所示。

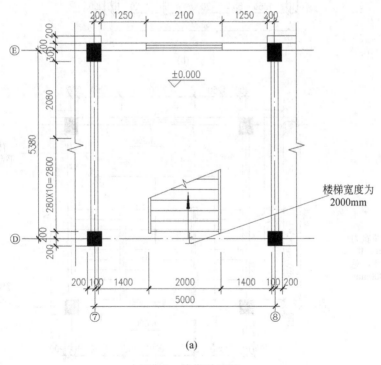

(a)

图 9-1　楼梯平面图

（a）楼梯首层平面图；（b）楼梯标准层平面图；（c）楼梯顶层平面图

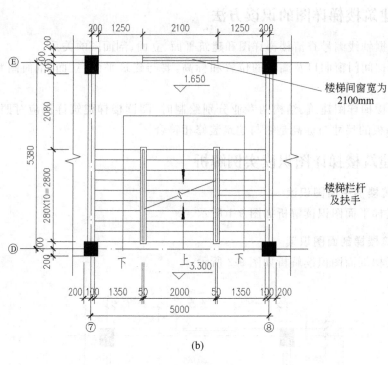

(b)

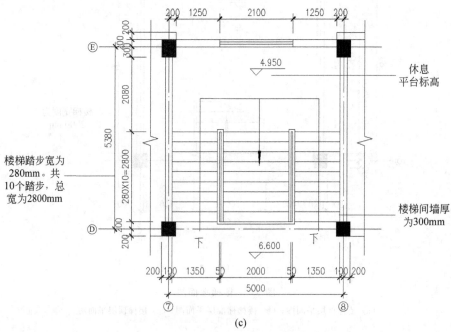

(c)

图 9-1(续)

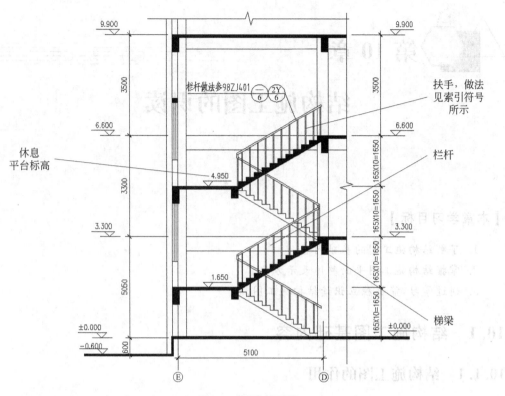

图 9-2　楼梯剖面图

复习思考题

1. 建筑楼梯详图的作用是什么？
2. 楼梯平面图的识读步骤有哪些？
3. 楼梯剖面图的识读步骤有哪些？

第 10 章

结构施工图的识读

【本章学习目标】

1. 了解结构施工图的基础内容。
2. 掌握结构施工图平面整体表示方法。
3. 通过学习，能够独立识读结构施工图。

10.1 结构施工图基础内容

10.1.1 结构施工图的作用

房屋的结构施工图是按照结构设计要求绘制的指导施工的图纸，是表达建筑物承重构件的布置、形状、大小、材料、构造及其相互关系的图样。结构施工图主要用来作为施工放线、开挖基槽、支模板、绑扎钢筋、设置预埋件、浇筑混凝土和安装梁、板、柱等构件及编制预算与施工组织计划等的依据。

10.1.2 结构施工图的内容

1. 结构施工图的类型

建筑结构施工图的类型基本可分为木结构建筑、砖混结构建筑和骨架结构建筑、装配式建筑和工具式建筑、简体结构建筑、悬挂结构建筑、薄膜建筑和大跨度建筑等。

2. 结构施工图的主要内容

结构施工图的主要内容如下。

1）结构设计说明

结构设计说明是带全局性的文字说明，内容包括抗震设计与防火要求、材料的选型、规格、强度等级、地基情况、施工注意事项、选用标准图集等。

2）结构平面布置图

结构平面布置图包括基础平面图、楼层结构平面布置图、屋顶结构平面图等。

3）构件详图

构件详图包括梁、板、柱及基础结构详图、楼梯结构详图、屋架结构详图和其他详图（天窗、雨篷、过梁等）。

10.1.3　结构施工图的识读要点

结构施工图识读的主要内容见表10-1。

表 10-1　结构施工图识读的主要内容

序号	名　称	内　容
1	由大到小，由粗到细	在识读建筑施工图时，应先识读总平面图和平面图，然后结合立面图和剖面图的识读，最后识读详图；在识读结构施工图时，首先应识读结构平面布置图，然后识读构件图，最后才能识读构件详图或断面图
2	认真识读设计说明或附注	在建筑工程施工图中，对于拟建建筑物中一些无法直接用图形表示的内容，而又直接关系到工程的做法及工程质量，往往以文字要求的形式在施工图中适当的页次或某一张图纸中适当的位置表达出来。显然，这些说明或附注同样是图纸中的主要内容之一，不但必须看，而且必须看懂并且认真、正确地理解。例如建筑施工图中墙体所用的砌块，正常情况下均不会以图形的形式表示其大小和种类，更不可能表示出其强度等级，只能在设计说明中以文字形式进行表述
3	注意尺寸及单位	在图纸中的图形或图例均有其尺寸，尺寸的单位为米（m）和毫米（mm）两种，除了图纸中的标高和总平面图中的尺寸用米为单位外，其余的尺寸均以毫米为单位，且对于以米为单位的尺寸在图纸中尺寸数字的后面一律不加注单位，形成一种默认情况
4	牢记常用图例和符号	在建筑工程施工图中，为了表达的方便和简捷，也为了让识读人员一目了然，在图样绘制中有很多内容采用符号或图例来表示。因此，对于识读人员务必牢记常用的图例和符号，这样才能顺利地识读图纸，避免识读过程中出现"语言"障碍。施工图中常用的图例和符号是工程技术人员的共同语言或组成这种语言的字符
5	不得随意变更或修改图纸	在识读施工图过程中，若发现图纸设计或表达不全甚至是错误时，应及时准确地做出记录，但不得随意变更设计，或轻易加以修改，尤其是对有疑问的地方或内容可以保留意见。在适当的时间，对设计图纸中存在的问题或合理性的建议，向有关人员提出，并及时与设计人员协商解决

10.1.4　结构施工图中钢筋的表示方法

1. 常用钢筋表示法

1）钢筋的一般表示法

钢筋的一般表示法见表10-2。

2）普通钢筋的种类、符号和强度标准值

普通钢筋的种类、符号和强度标准值的具体内容见表10-3。

表 10-2　钢筋的一般表示法

序号	名　称	图　例	说　明
1	钢筋横断面	●	—
2	无弯钩的钢筋端部		下图表示长、短钢筋投影重叠时,短钢筋的端部用 45°斜线表示
3	带半圆形弯钩的钢筋端部		—
4	带直钩的钢筋端部		—
5	带螺纹的钢筋端部		—
6	无弯钩的钢筋搭接		—
7	带半圆弯钩的钢筋搭接		—
8	带直钩的钢筋搭接		—
9	花篮螺丝钢筋接头		—
10	机械连接的钢筋接头		用文字说明机械连接的方式

表 10-3　普通钢筋强度标准值

种　类		符　号	直径/mm	强度标准值/(N/mm²)
热轧钢筋	HPB 300	Φ	6～22	300
	HRB 335	Φ	6～50	335
	HRB 400	Φ	6～50	400
	HRB 500	Φ	6～50	500

3) 钢筋的标注

钢筋的直径、根数及相邻钢筋中心距在图样上一般采用引出线方式标注,其标注形式有以下两种。

(1) 标注钢筋的根数和直径如图 10-1 所示。

(2) 标注钢筋的直径和相邻钢筋的中心距如图 10-2 所示。

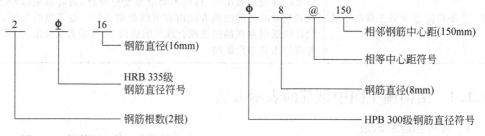

图 10-1　钢筋的根数和直径标注　　　　　图 10-2　相邻钢筋的标注

4) 钢筋的名称

配置在钢筋混凝土结构中的钢筋,如图 10-3 所示,按其作用可分为以下几种。

(1) 受力筋。承受拉、压应力的钢筋。配置在受拉区的称为受拉钢筋;配置在受压区的称为受压钢筋。受力筋还分为直筋和弯起筋两种。

(2) 箍筋。承受部分斜拉应力,并固定受力筋的位置。

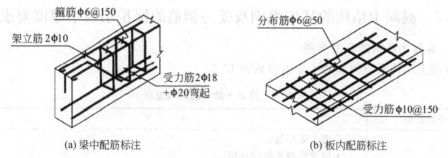

(a) 梁中配筋标注 　　　　　　　　　　　　　(b) 板内配筋标注

图 10-3　构件中钢筋的名称

（3）架立筋。用于固定梁内钢箍位置，与受力筋、钢箍一起构成钢筋骨架。

（4）分布筋。用于板内，与板的受力筋垂直布置，并固定受力筋的位置。

（5）构造筋。因构件构造要求或施工安装需要而配置的钢筋，如腰筋、预埋锚固筋、吊环等。

2. 钢筋配置方式表示法

钢筋配置方式表示法的具体内容见表 10-4。

表 10-4　钢筋配置方式表示法

配置说明	图例
在结构平面图中配置双层钢筋时，底层钢筋的弯钩应向上或向左，顶层钢筋的弯钩则向下或向右	（底层）　　（顶层）
若在断面图中不能清楚地表达钢筋的布置，应在断面图外增加钢筋大样图（如钢筋混凝土墙、楼梯等）	
钢筋混凝土墙体配双层钢筋时，在配筋立面图中，远面钢筋的弯钩应向上或向左，而近面钢筋的弯钩应向下或向右（JM 为近面；YM 为远面）	
每组相同的钢筋、箍筋或环筋，可用一根粗实线表示，同时用一两端带斜短画线的横穿细线，表示其余钢筋及起止范围	
图中所表示的箍筋、环筋等若布置复杂时，可加画钢筋大样及说明	

10.1.5 混凝土结构的环境类别及受力钢筋的保护层最小厚度要求

1. 混凝土结构的环境类别

混凝土结构环境类别的主要内容见表 10-5。

表 10-5 混凝土结构的环境类别

环境类别	条 件
一	室内干燥环境； 无侵蚀性静水浸没环境
二(a)	室内潮湿环境； 非严寒和非寒冷地区的露天环境； 非严寒和非寒冷地区与无侵蚀性的水或土壤直接接触的环境； 严寒和寒冷地区的冰冻线以下与无侵蚀性的水或土层直接接触的环境
二(b)	干湿交替环境； 水位频繁变动环境； 严寒和寒冷地区的露天环境； 严寒和寒冷地区冰冻线以上与无侵蚀性的水或土层直接接触的环境
三(a)	严寒和寒冷地区冬季水位变动区环境； 受除冰盐影响的环境； 海风环境
三(b)	盐渍土环境； 受除冰盐作用的环境； 海岸环境
四	海水环境
五	受人为或自然的侵蚀性物质影响的环境

注：(1) 室内潮湿环境是指构件表面经常处于结露或湿润状态的环境。

(2) 严寒和寒冷地区的划分应符合现行国家标准《民用建筑热工设计规范》(GB 50176—2016)的有关规定。

(3) 海岸环境和海风环境宜根据当地情况，考虑主导风向及结构所处迎风、背风部位等因素的影响，由调查研究和工程经验确定。

(4) 受除冰盐环境影响是指受到除冰盐盐雾影响的环境；受除冰盐作用是指盐溶液溅射的环境以及使用除冰盐地区的洗车房、停车楼等建筑。

(5) 暴露环境是指混凝土结构表面所处的环境。

(6) 表中的二(a)、二(b)、三(c)、三(d)均表示环境类别中的等级。

2. 混凝土保护层的最小厚度

混凝土保护层最小厚度的具体要求见表 10-6。

表 10-6 混凝土保护层的最小厚度　　　　　　　　　　　　　单位：mm

环境类别	墙、板	梁、柱
一	15	20
二(a)	20	25
二(b)	25	35

续表

环境类别	墙、板	梁、柱
三(a)	30	40
三(b)	40	50

注：(1) 表中的混凝土保护层厚度指的是最外层钢筋外边缘至混凝土表面的距离,适用于设计使用年限为 50 年的混凝土结构。

(2) 构件中受力钢筋的保护层厚度不应小于钢筋的公称直径。

(3) 设计使用年限为 100 年的混凝土结构,一类环境中,最外层钢筋的保护层厚度不应小于表中数值的 1.4 倍;二、三类环境中,应采取专门的有效措施。

(4) 混凝土强度等级不大于 C25 时,表中保护层厚度数值应增加 5mm。

(5) 基础底面钢筋的保护层厚度,有混凝土垫层时应从垫层顶面算起,且不应小于 40mm。

10.2　结构施工图平面整体表示方法

10.2.1　平面整体表示方法的注写方式

(1) 按平面整体表示方法(以下简称平法)设计绘制的结构施工图,必须根据具体工程设计,按照各类构件的平法制图规则,在按结构层绘制的平面布置图上直接表示各构件的尺寸、配筋和所选用的标准构造详图。

(2) 在平面布置图上表示各构件尺寸和配筋的方式,分平面注写方式、列表注写方式和截面注写方式三种。

按平法设计绘制结构施工图时,应将所有柱、墙、梁构件进行编号,并用表格或其他方式注明各结构层楼(地)面标高、结构层高及相应的结构层号。其结构楼面标高和结构层高在单项工程中必须统一,以保证基础、柱与墙、梁、板等用同一标准竖向定位,为了施工方便,应将统一的结构标高和结构层高分别放在柱、墙、梁等各类构件的平法施工图中,如表 10-7 表示的是某住宅楼结构层楼面标高及结构层高。

表 10-7　结构层楼面标高及结构层高

层号	标高/m	层高/m
−1	−0.03	2.8
1	2.77	2.6
2	5.37	2.6
3	7.97	2.6
4	10.57	2.6
5	13.17	2.6
6	15.77	2.6
屋面1	18.37	2.6
屋面2	20.97	2.6

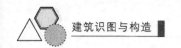

10.2.2 柱平法施工图表示

柱平法施工图是在柱平面布置图上采用列表注写方式或截面注写方式表达,并按规定注明各结构层的楼面标高、结构层高及相应的结构层号。

1. 列表注写方式

列表注写方式就是在柱平面布置图上,在同一编号的柱中选择一个或几个截面标注几何参数代号,即在柱表中注写柱号、柱段起止标高、几何尺寸(含柱截面对轴线的偏心情况与配筋的具体数值),并配以各种柱截面形状及箍筋类型图的方式,来表达柱平法施工图。如图 10-4 所示为柱平面布置图。

柱表注写方式的规定如下。

(1) 注写柱编号,柱编号由类型代号和序号组成,具体规定如表 10-8 所示。

表 10-8　柱编号表

柱类型	代　号	序　号
框架柱	KZ	××(例如 KZ1)
框支柱	KZZ	××(例如 KZZ1)
芯柱	XZ	××(例如 XZ1)
梁上柱	LZ	××(例如 LZ1)
剪力墙上柱	QZ	××(例如 QZ1)

(2) 注写各段柱的起止标高,自柱根部往上以变截面位置或截面未变但配筋改变处为界分段注写。框架柱和框支柱的根部标高是指基础顶面标高;芯柱的标高是指根据结构实际需要而定的起始位置标高;梁上柱的根部标高是指梁顶面标高;剪力墙上柱的根部标高分两种:①当柱纵筋锚固在墙顶部时,其根部标高为墙顶面标高;②当柱与剪力墙重叠一层时,其根部标高为墙顶面入下一层结构层楼面标高。

(3) 对于矩形柱,注写柱截面尺寸 $b \times h$ 及与轴线有关系的几何参数代号 b_1、b_2 和 h_1、h_2 的具体数值,须对应于各段柱分别注写,其中 $b = b_1 + b_2$,$h = h_1 + h_2$。对于圆柱,则是在直径数字前加 d 表示。

(4) 注写柱纵筋。当柱纵筋直径相同,各边根数也相同时(包括矩形柱、圆柱和芯柱),将纵筋写在"全部纵筋"一栏中;除此之外,柱纵筋分角筋、截面 b 边中部筋和 h 边中部筋三项分别注写(对于采用对称配筋的矩形截面,可仅注写一侧中部筋,对称边省略不注)。

(5) 注写箍筋类型号及箍筋数,在箍筋类型栏内注写柱截面形状及其箍筋类型号。

(6) 注写箍筋,包括钢筋级别、直径与间距

当为抗震设计时,用斜线"/"区分柱端箍筋加密区与柱身非加密区长度范围内箍筋的不同间距,如:φ16@100/250,表示箍筋为Ⅰ级钢筋;直径φ16mm,表示加密区间距为100mm,非加密区间距为250mm。当箍筋沿柱全高为一种间距时,则不使用"/",如φ18@100;当圆柱采用螺旋箍筋时,需在箍筋前加 L,如 Lφ10@100/200。

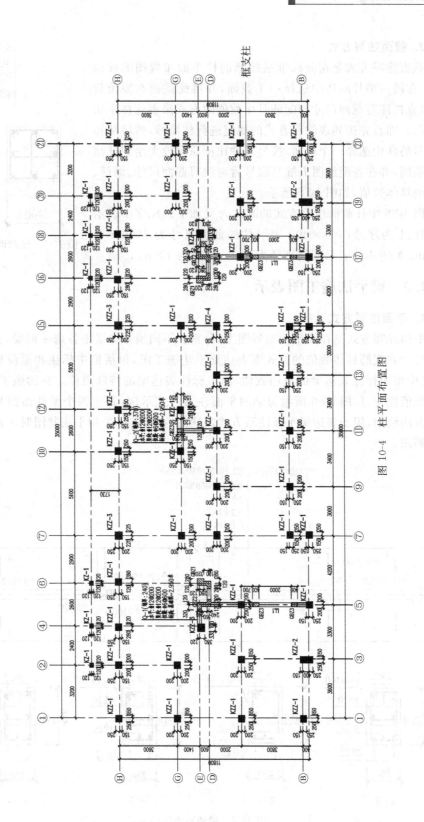

图 10-4　柱平面布置图

2. 截面注写方式

截面注写方式是在分标准层绘制的柱平面布置图的柱截面上,在同一编号的柱中选择一个截面,并将此截面在原位放大,以直接注写截面尺寸和配筋具体数值的方式来表达柱平法施工图。即首先按列表注写方式的规定进行柱编号,然后从相同编号的柱中选择一个截面,按另一种比例原位放大绘制柱截面配筋图,并在各配筋图上继其编号后再注写截面尺寸、纵筋、箍筋的具体数值,如图 10-5 所示。

图 10-5 中柱截面注写方式的具体含义如下。KZZ-1 表示框支柱、1 为序号;400×400 表示柱的截面尺寸为 400mm×400mm;φ8@100 表示箍筋直径为 8mm、间距为 100mm。

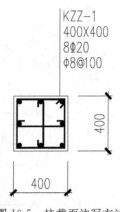

图 10-5 柱截面注写方法

10.2.3 梁平法施工图表示

1. 平面注写方式

平面注写方式是在梁平面布置图上,分别在不同编号的梁中各选一根梁,在其上注写截面尺寸和配筋具体数值的方式来表达梁平法施工图,包括集中标注和原位标注两种方法,其中集中标注表达梁的通用数值,原位标注表达梁的特殊数值。在读施工图时,原位标注取值优先,如图 10-6 所示为梁的平面注写方式示例,其中四个梁截面图是采用传统表示方法绘制,用于表达梁平面注写方式表达的内容,实际采用平法制图时不需绘制梁截面配筋图。

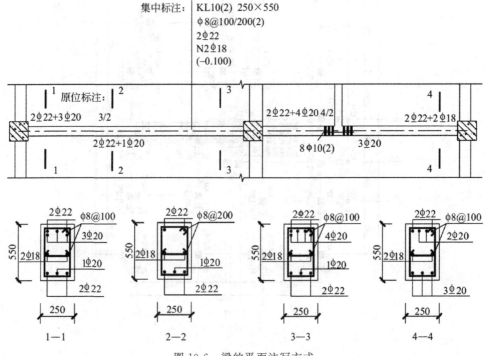

图 10-6 梁的平面注写方式

（1）梁集中标注的内容，有五项必注值及一项选注值，其具体规定如下。

① 梁编号，该项为必注值。它由梁类型代号、序列号、跨数及有无悬挑代号几项组成，见表 10-9，例如：WKL10(6A)表示第 10 号屋面框架梁，6 跨，一端有悬挑。

表 10-9　梁编号的含义

梁 类 型	代号	序号	跨数及有无悬挑
楼层框架梁	KL	××	(××)、(××A)或(××B)
屋面框架梁	WKL	××	(××)、(××A)或(××B)
框架梁	KZL	××	(××)、(××A)或(××B)
非框架梁	L	××	(××)、(××A)或(××B)
悬挑梁	XL	××	(××)、(××A)或(××B)
井字梁	JZL	××	(××)、(××A)或(××B)

注：××仅表示跨数，无悬挑；××A 表示一端有悬挑；××B 表示两端有悬挑，悬挑不计入跨数。

② 梁截面尺寸，该项为必注值。当为等截面梁时，用 $b \times h$ 表示；当为加腋梁时，用 "$b \times h$　$YC_1 \times C_2$"表示，其中 C_1 表示腋长，C_2 表示腋高，如图 10-7 所示；当有悬挑梁且根部和端部的高度不同时，用斜线分隔根部与端部的高度值，即 $b \times h_1/h_2$，如图 10-8 所示。

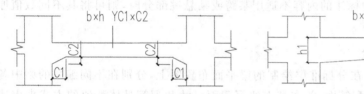

图 10-7　加腋梁截面尺寸示意图　　　图 10-8　悬挑梁不等高截面示意图

③ 梁箍筋，此项为必注值。包括钢筋级别、直径、加密区与非加密区间距及肢数。箍筋加密区与非加密区的不同间距及肢数需用斜线"/"分隔；当梁箍筋为同一种间距及肢数时，则不用斜线；当梁箍筋加密区与非加密区肢数相同时，则将肢数注写一次。

如：ϕ10@100/250(4)表示箍筋为Ⅰ级钢筋，直径为 10mm，加密区间距为 100mm，非加密区间距为 250mm，全部为 4 肢箍；ϕ8@100(4)/250(2)，表示箍筋为Ⅰ级钢筋，直径为 8mm，加密区间距为 100mm，4 肢箍，非加密区间距为 250mm，双肢箍；ϕ20@150(4)/250(2)，表示箍筋为Ⅰ级钢筋，直径为 20mm，4 肢箍，间距为 150；梁跨中间部分（箍筋非加密区）间距为 250mm，双肢箍。

④ 梁上部通长筋或架立筋配置，该项为必注值。所注规格与根数应根据结构受力要求及箍筋肢数等构造要求而定。当同排纵筋中有通长筋又有架力筋时，应用"+"将通长筋与架立筋相连。注写时须将角部纵筋写在加号前，架立筋写在加号后面的括号内，以表示不同直径及与通长筋的区别。当全部采用架立筋时，则将其写入括号内。

⑤ 梁侧面纵向构造钢筋或受扭钢筋配置，该项为必注值。当梁腹板板高度 h_w 大于等于 450mm 时，须配置纵向构造钢筋，此项注写值以大写字母 G 开始。注写设置在梁两

个侧面的总配筋值,且对称配值。如 G4ϕ16,表示梁的每侧各配置 2ϕ16 的纵向构造钢筋。当梁侧面需配置受扭纵向钢筋时,此项注写值以大写字母 N 开始,且注写设置在梁两个侧面的总配筋值,且对称配值。如 N4ϕ20,表示梁的每侧各配置 2ϕ20 的受扭纵向钢筋。

⑥ 梁顶面标高高差,该项为选注值。梁顶面标高高差,是指梁顶面标高相对于结构层楼面标高的高差值,对于位于结构夹层的梁,则指相对于结构夹层楼面标高的高差。有高差时将其写入括号内,无高差时不注。

(2)梁原位标注的内容规定如下。

① 梁支座上部纵筋的标注,具体如下。

a. 当上部纵筋多于一排时,用斜线"/"将各排自上而下分开。如 5ϕ22 3/2,表示上排纵筋为 3ϕ22,下排纵筋为 2ϕ22。

b. 当同排纵筋有两种直径时,用加号"+"将两种纵筋相连,注写时将角部纵筋写在前面。如 2ϕ22+2ϕ18,表示将 2ϕ22 放在角部,2ϕ18 放在中间。

c. 当支座两边的上部纵筋相同时,可仅在支座一边标注;当梁支座两边的上部纵筋不同时,须在支座两边分别标注。

② 梁下部纵筋的标注与梁上部纵筋标注相似,可以相互参考。

③ 附加箍筋和吊筋宜直接画在平面图中的主梁上,用线标注总配筋值。当多数附加箍筋与吊筋相同时,可在梁平法施工图上统一注明,少数不同值在原位标注。

④ 当在梁上集中标注的内容不适用某跨或某悬挑部分时,则可将其不同数值原位标注在该部位。

2. 截面注写方式

截面注写方式是在分标准层绘制的梁平面布置图上,分别在不同编号的梁中各选择一根梁用剖面号引出配筋图,并在其上注写截面尺寸和配筋具体数值的方式来表达梁平法施工图。其具体注写规则如下。

(1)按梁表所示对所有梁进行编号,从相同编号的梁中选一根梁,先将"单边截面号"画在该梁上,再将截面配筋详图画在本图上。

(2)在截面配筋详图上注写截面尺寸 $b \times h$、上部筋、下部筋、侧面构造筋或受扭筋,以及箍筋的具体数值,其表达形式与平面注写方式相同。

(3)截面注写方式既可以单独使用,也可以与平面注写方式结合使用。

10.2.4 剪力墙平法施工图表示

1. 列表注写方式

在工程上,我们通常将剪力墙视为由剪力墙柱、剪力墙身和剪力墙梁三类构件构成,列表注写方式是分别在剪力墙柱表、剪力墙身表和剪力墙梁表中,对应于剪力墙平面布置图上的编号,用绘制截面配筋图并注写几何尺寸与配筋具体数值的方式,来表达剪力墙平法施工图,如图 10-9 所示为列表注写剪力墙平法施工图。

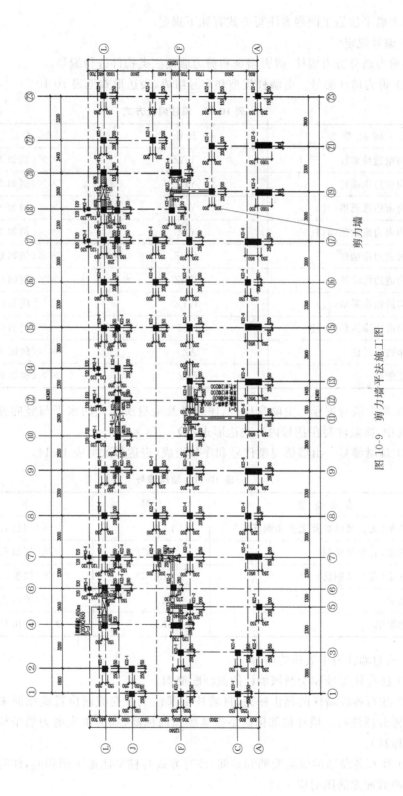

图 10-9　剪力墙平法施工图

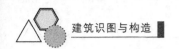

剪力墙平法施工图列表注写方式有如下规定。

1）编号规定

将剪力墙分剪力墙柱、剪力墙身和剪力墙梁三类构件进行编号。

（1）剪力墙柱编号。由墙柱类型和序号组成，表达形式见表10-10。

表10-10 墙柱编号方式

墙 柱 类 型	代号	序 号
约束边缘暗柱	YAZ	××（例如 YAZ1）
约束边缘端柱	YDZ	××（例如 YDZ1）
约束边缘翼墙（柱）	YYZ	××（例如 YYZ1）
约束边缘转角墙（柱）	YJZ	××（例如 YJZ1）
构造边缘端柱	GDZ	××（例如 GDZ1）
构造边缘暗柱	GAZ	××（例如 GAZ1）
构造边缘翼墙（柱）	GYZ	××（例如 GYZ1）
构造边缘转角墙（柱）	GJZ	××（例如 GJZ1）
非边缘暗柱	AZ	××（例如 AZ1）
扶壁柱	FBZ	××（例如 FBZ1）

（2）剪力墙身编号。由墙身代号、序列号及墙身所配置的水平与竖向分布钢筋排数组成，其中，排数注写在括号内。表达形式：Q××（×排）。

（3）墙梁编号。由墙梁类型代号和序号组成，表达形式见表10-11。

表10-11 墙梁编号

墙 梁 类 型	代号	序 号
连梁（无交叉暗撑及无交叉钢筋）	LL	××（例如 LL2）
连梁（有交叉暗撑）	LL（JC）	××（例如 LL（JC）2）
连梁（有交叉钢筋）	LL（JG）	××（例如 LL（JG）3）
暗梁	AL	××（例如 AL4）
边框梁	BKL	××（例如 BKL5）

2）剪力墙柱表中表达的内容

（1）注写柱编号和绘制该墙柱的截面配筋图。

（2）注写各段墙柱的起止标高，自墙柱根部往上以变截面位置或截面未变但配筋改变处为界分段注写。墙柱根部标高是指基础顶面标高（如为框支剪力墙结构则为框架支梁顶面标高）。

（3）注写各段墙的纵向配筋和箍筋，注写方式与柱平法施工图相同，注写值应与在表中绘制的截面配筋图对应一致。

3）剪力墙身表中表达的内容

（1）注写墙身编号。

（2）注写各段墙身起止标高，自墙身根部往上以变截面位置或截面未变但配筋改变处为界限分段注写。墙身根部标高是指基础顶面标高（框支剪力墙结构则为框支梁顶面标高）。

（3）注定水平分布钢筋、竖向分布钢筋和拉筋的具体数值。注写数值为一排水平分布钢筋、紧向分布钢筋和拉筋的规格与间距，具体排数在墙身编号中表达。

4）剪力墙梁表中表达的内容

（1）注写墙梁编号。

（2）注写墙梁所在楼层号。

（3）注写墙梁顶面标高差，即相对于墙梁所在结构层楼面标高的高差值，高为正值，低为负值，无高差时不注。

（4）注写墙梁截面尺寸 $b \times h$，上部纵筋、下部纵筋和箍筋的具体数值。

2. 截面注写方式

截面注写方式又名原位注写方式，是在分标准层绘制的剪力墙平面布置图上，以直接在墙柱、墙身、墙梁上注写截面尺寸和配筋具体数值的方式来表达剪力墙平法施工图，具体注写规则如下。

（1）选用适当比例原位放大绘制剪力墙平面布置图，对所有墙柱、墙身和墙梁进行编号。

（2）从相同编号的墙柱中选择一个截面，标注全部纵筋及箍筋的具体数值。

（3）从相同编号的墙身中选择一道墙身，按顺序引注的内容为墙身编号、墙厚尺寸、水平分布钢筋、纵向分布钢筋和拉筋的具体数值。

（4）从相同编号的墙梁中选择一处墙梁，按顺序注写的内容为：当连梁无斜向交叉暗撑时，注写墙梁编号、墙梁截面尺寸 $b \times h$、墙梁箍筋、上部纵筋、下部纵筋和墙梁顶部标高差的具体数值；当连梁高有斜向交叉暗撑时，还要以 JC 开始附加注写一根暗撑的全部纵筋，并标注"×2"，表明有两根暗撑相互交叉，以及箍筋的具体数值。当连梁设有斜向交叉钢筋时，还要以 JG 开始附加注写一道斜向钢筋的配筋数值，并标注"×2"表明有两道斜向钢筋相互交叉。

10.2.5　剪力墙平法施工图表示要求

无论采用列表注写方式还是截面注写方式，剪力墙上的洞口均可在剪力墙平面布置图上原位表达，洞口的具体表达方法如下。

（1）在剪力墙平面布置图上绘制洞口示意，并表示洞口中心的平面定位尺寸。

（2）在洞口中心位置引注：洞口编号、洞口几何尺寸、洞口中心相对标高、洞口每边补强钢筋四项内容，具体规定如下；

① 洞口编号：矩形洞口为 JD××（××为序号）；圆形洞口为 YD××（××为序号）。

② 洞口几何尺寸：矩形洞口为洞宽×洞高($b×h$)；圆形洞口为洞口直径 D。

③ 洞口中心相对标高是指相对于结构层楼(地)面标高的洞口中心高度,当高于结构层楼面时为正值,低于时为负值。

④ 洞口每边补强钢筋情况,具体如下。

a. 当矩形洞口的洞宽、洞高均不大于 800mm 时,如果设置构造补强纵筋,即洞口每边加钢筋直径大于等于 12 且不小于同向被切断钢筋总面积的 50%,本项免注。

b. 当矩形洞口的洞宽、洞高均不大于 800 时,如果设置补强纵筋大于构造配筋,此项注写洞口每边补强钢筋的数值。

c. 当矩形洞口的洞宽大于 800mm 时,在洞口的上、下需设置补强暗梁,此项注写为洞口上、下每边暗梁的纵筋与箍筋的具体数值;当洞口上、下边为剪力墙连梁时,此项免注;洞口竖向两侧按边缘构件配筋,也不在此项表达。

d. 当圆形洞口设置在连梁中部 1/3 范围(且圆洞直径不大于 1/3 梁高)时,需注写在圆洞上下水平设置的每边补强纵筋与箍筋。

e. 当圆形洞口设置在墙身或暗梁、边框梁位置,且洞口直径不大于 300mm 时,此项注写洞口上下左右每边布置的补强纵筋的数值。

f. 当圆形洞口直径大于 300mm,但不大于 800mm 时,其加强钢筋在标准构造详图中是按照圆外切正六边形的边长方向布置,设计仅需注写六边形中一边补强钢筋的具体数值。

10.3　结构施工图实例解析

结构施工图实例解析,以梁结构施工图为例进行解读,如图 10-10 所示。

L1(1)基本信息:编号为梁 1,共 1 跨,截面尺寸为 240mm×400mm,箍筋直径为 8mm,间距为 200mm(双肢箍),梁上部 2 根直径为 16mm 的架立筋,下部有 3 根直径为 18mm 的架立筋。

L2(1)基本信息:编号为梁 2,共 1 跨,截面尺寸为 240mm×350mm,箍筋直径为 8mm,间距为 200mm(双肢箍),梁上下各有 2 根直径为 16mm 的架立筋。

L3(1)基本信息:编号为梁 3,共 1 跨,截面尺寸为 240mm×400mm,箍筋直径为 8mm,间距为 150mm(双肢箍),上下各有 2 根直径为 16mm 的架立筋。

L3(1)基本信息:编号为梁 3,共 1 跨,截面尺寸为 240mm×300mm,箍筋直径为 8mm,间距为 150mm(双肢箍),梁上部有 2 根直径为 14mm 的架立筋,下部有 2 根直径为 16mm 的架立筋。

L4(1)基本信息:编号为梁 4,共 1 跨,截面尺寸为 240mm×400mm,箍筋直径为 8mm,间距为 200mm(双肢箍),梁上部有 3 根直径为 16mm 的架立筋,下部有 5 根直径为 20mm 的架立筋。

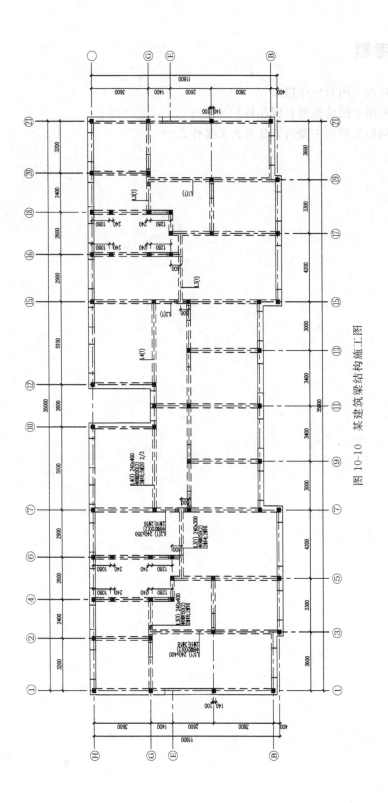

图 10-10　某建筑梁结构施工图

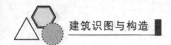

复习思考题

1. 结构施工图有何作用?
2. 结构施工图的类型有哪几种?
3. 结构施工图的主要内容及其含义是什么?

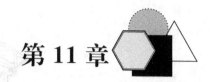

第 11 章

建筑房屋构造

【本章学习目标】

1. 了解建筑构造的组成及具体内容。
2. 掌握基础的分类与构造形式。
3. 掌握墙体的类型与构造。
4. 掌握楼梯、门窗、屋顶的分类与构造形式。

11.1 建筑构造概述

11.1.1 建筑构造定义

建筑构造是专门研究建筑物各组成部分以及各组成部分之间的组合原理和构造方法的科学,是建筑设计不可分割的一部分。其主要任务是根据建筑的功能要求、材料供应和施工条件,通过构造技术手段,提供合理经济的构造方案和措施,作为建筑设计中解决技术问题及进行施工图设计的依据。

11.1.2 建筑物的结构组成

建筑结构是构成建筑物并为使用功能提供空间环境的支撑体,承担着建筑物的重力、风力、撞击、振动等作用下所产生的各种荷载;同时是影响建筑构造、建筑经济和建筑整体造型的基本因素。为此,就要研究建筑物的结构体系和构造形式;影响建筑刚度、强度、稳定性和耐久性的因素;结构与各组成部分的构造关系等。

民用建筑或工业建筑一般是由基础、墙或柱、楼板层及地坪层、楼梯、屋顶和门窗等部分所组成,如图 11-1 所示。

1)基础

基础是房屋底部与地基接触的承重结构,是建筑的最底层,埋在地面以下,是地基之上的承重构件。它的作用是把房屋的上部荷载传给地基。

2)墙或柱

墙是建筑物的主要竖向承重构件和围护构件。作为承重构件,承受着建筑物由屋顶或楼板层传来的荷载,并将这些荷载再传给基础;作为围护构件,外墙起着抵御自然界各

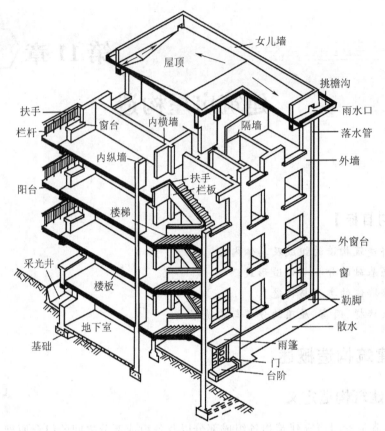

图 11-1　房屋的基本构成

种因素对室内的侵袭作用；内墙起着分隔空间、组成房间、隔声、遮挡视线以及保证室内环境舒适的作用。为此，要求墙体具有足够的强度、稳定性、保温、隔热、隔声、防火、防水等能力。柱是框架或排架结构的主要承重构件，和承重墙一样应该具有足够的强度和刚度。

　　3）楼地层

　　楼地层是多层建筑中的水平承重构件和竖向分隔构件，它将整个建筑物在垂直方向上分成若干层。它支撑着人和家具设备的荷载，并将这些荷载传递给墙或柱，再通过墙柱传给基础。它应有足够的强度和刚度及隔声、防火、防水、防潮等性能。

　　4）楼梯

　　楼梯是建筑中楼层间的垂直交通设施，作为人们上下楼层和发生紧急事故时疏散人流之用。楼梯应有足够的通行能力，并做到坚固和安全。

　　5）屋顶

　　建筑物顶部的覆盖构件，与外墙共同形成建筑物的外壳。屋顶既是承重构件又是围护构件。屋顶应坚固耐久，不渗漏水和具有保温隔热的功能。

　　6）门窗

　　门窗属于非承重构件，门主要用作室内外交通联系及分隔房间，窗主要用作采光和通风。处于外墙上的门窗既是围护构件又要符合热工要求。两者均属围护构件,起对自然侵蚀如风、雨、冰、雪等的抵御、围护及隔声作用。

除上述六部分构件以外,还有一些附属部分,如阳台、雨篷、台阶、烟囱、采光井等。组成房屋的各部分各自起着不同的作用,但归纳起来有两大类,即承重结构和围护构件。墙、柱、基础、楼板、屋顶等属于承重结构。墙、屋顶、门窗等属于围护结构。有些部分既是承重结构也是围护结构,如墙和屋顶。

11.2　基础

基础是建筑地面以下的承重构件,是建筑的下部结构。它承受建筑物上部结构传下来的全部荷载,并把这些荷载连同本身的重量一起传到地基上。基础是建筑物的组成部分。地基则是承受由基础传下的荷载的土层,承受着基础传来的全部荷载。地基不属于房屋组成部分。

11.2.1　基础的分类与构造

1. 按基础的构造形式分类

按基础的构造形式可以将基础分为条形基础、独立基础、联合基础(井格式基础、片筏式基础、板式基础、箱形基础)和桩基础。

条形基础为连续的带形,也叫带形基础。当地基条件较好、基础埋置深度较浅时,墙承式的建筑多采用条形基础,以便传递连续的条形荷载,如图 11-2 所示。

当建筑物上部结构采用框架结构或单层排架及门架结构承重时,其基础常采用方形或矩形的单独基础,这种基础称为独立基础或柱式基础。独立基础呈独立的块状,形式有台阶形、锥形、杯形等。独立基础主要用于柱下。当柱采用预制构件时,则基础做成杯口形,然后将柱子插入,并嵌固在杯口内,故称杯形基础,如图 11-3 所示。

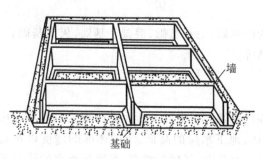

图 11-2　条形基础

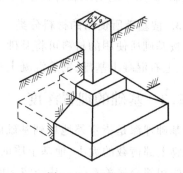

图 11-3　杯形基础

当房屋为骨架承重或内骨架承重,且地基条件较差时,为提高建筑物的整体性,避免各承重柱产生不均匀沉降,常将柱下基础沿纵横方向连接起来,形成柱下条形基础,如图 11-4 所示,或十字交叉的井格基础,如图 11-5 所示。

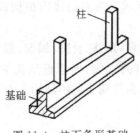

图 11-4 柱下条形基础

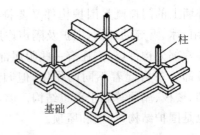

图 11-5 井格基础

当建筑物上部荷载较大,所在地的地基承载能力比较弱,采用简单的条形基础或井格式基础不能适应地基变形的需要时,常将墙或柱下基础连成一片,使整个建筑物的荷载承受在一块整板上,这种满堂的板式基础称为片筏式基础。

箱形基础是由钢筋混凝土的底板、顶板和若干纵横墙形成的空心箱体整体结构,共同承受上部结构荷载。箱形基础整体空间刚度较大,对抵抗地基的不均匀沉降有利,一般适用于高层建筑或在软弱地基上建造的重型建筑物。当基础的中空部分较大时,可用作地下室。

当建筑物的荷载较大,而地基的弱土层较厚,地基承载力不能满足要求,采取其他措施又不经济时,可采用桩基础。桩基础由承台和桩柱组成。

2. 按基础受力特点分类

按基础的受力特点可将基础分为刚性基础和柔性基础。

刚性基础指用砖、石、灰土、混凝土等抗压强度大且抗弯、抗剪强度小的材料做基础(受刚性角的限制)。刚性基础常用于地基承载力较好、压缩性较小的中小型民用建筑。当建筑物荷载放大,或地基承载能力较差时,宜采用钢筋混凝土基础。

柔性基础是指用抗拉、抗压、抗弯、抗剪均较好的钢筋混凝土材料做基础(不受刚性角的限制)。用于地基承载力较差、上部荷载较大、设有地下室且基础埋深较大的建筑。

3. 按基础所使用的材料分类

按基础所使用的材料可将基础分为砖基础、毛石基础、混凝土基础、灰土基础、三合土基础、毛石混凝土基础、钢筋混凝土基础等。

11.2.2 基础的埋置深度

基础埋深是指室外地坪到基础底面的距离,如图 11-6 所示。一般基础的埋深应考虑建筑物上部荷载的大小、地基土质的好坏、地下水位的高低、土的冰冻的深度以及新旧建筑物的相邻交接关系等。从经济和施工角度考虑,基础的埋深,在满足要求的情况下越浅越好,但最小不能小于 0.5m。天然地基上的基础,一般把埋深在 4m 以内的称为浅基础。它的特点是构造简单、施工方便、造价低廉且不需要特殊的施工设备。只有在表层土质极弱或总荷载较大或其他特殊情况下,才选用深基础。但基础的埋置深度也不能过小,应大于 500mm。因为地基受到建筑荷载作用后可能将四周土挤走,使基础失稳,或地面受到雨水冲刷及机械破坏而导致基础暴露,影响建筑的安全。

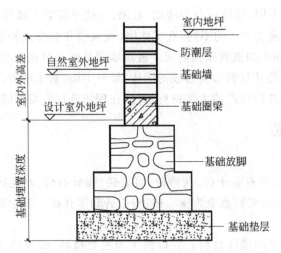

图 11-6 基础埋置深度示意图

11.3 墙体

11.3.1 墙体类型

（1）墙体按所处位置可以分为外墙和内墙。外墙位于房屋的四周，故又称为外围墙。内墙位于房屋内部，主要起分隔内部空间的作用，如图 11-7 所示。

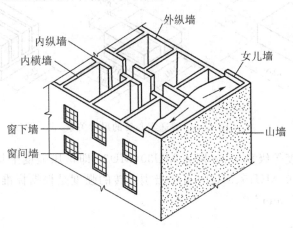

图 11-7 墙的位置及名称

（2）墙体按布置方向又可以分为纵墙和横墙。沿建筑物长轴方向布置的墙称为纵墙，沿建筑物短轴方向布置的墙称为横墙，外横墙俗称山墙。

（3）根据墙体与门窗的位置关系，平面上窗洞口之间的墙体可以称为窗间墙，立面上窗洞口之间的墙体可以称为窗下墙。

（4）根据结构受力情况不同可分为承重墙和非承重墙。非承重墙包括隔墙、填充墙和幕墙。

（5）按所用材料不同，墙体可分为砖墙、石墙、土墙及混凝土墙等。

（6）根据构造和施工方式的不同，有实体墙、板筑墙和装配式板材墙之分。实体墙包括实砌砖墙，借手工和小型机具砌筑而成。板筑墙则是施工时直接在墙体部位竖立模板，然后在模板内夯筑或浇注材料捣实面成的墙体，如夯土墙、灰土墙等。装配式板材墙是以工业化方式在预制构件厂生产的大型板材构件，在现场进行安装的墙体。

11.3.2　砖墙构造

1. 砖

按其使用材料分，砖有黏土砖、灰砂砖、页岩砖、煤矸石砖、水泥砖以及各种工业废料砖（如炉渣砖等）；依其形状特点分为实心砖、空心砖和多孔砖。其中普通黏土实心砖使用最普遍。

黏土砖是我国传统的墙体材料。它以黏土为主要材料，经成型、干燥、焙烧而成。普通黏土砖是全国统一规格，称为标准砖，我国标准黏土砖的规格为 240mm×115mm×53mm。砖的长、宽、厚之比为 4∶2∶1，在砌筑墙体时加上灰缝，上下错缝方便灵活。标准砖每块重量约为 25N，适合手工砌筑，如图 11-8 所示。但是这种规格的砖与我国现行模数制不协调，给设计和施工造成困难。有的地区生产符合模数的黏土空心砖，又称为模式砖，它的规格为 190mm×190mm×90mm，但是其重量和尺寸都比标准砖大，给手工砌筑上下错缝造成一定的困难。

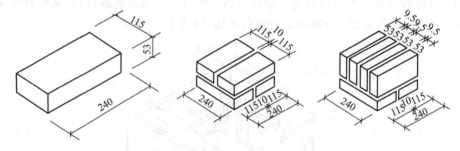

图 11-8　普通实心砖的尺寸关系

砖的强度以强度等级表示，分别为 MU30（MU30 即抗压强度平均值不小于 30.0N/mm²）、MU25、MU20、MU15、MU10 五个级别。砖的强度是根据标准试验方法所测得的抗压强度，单位为 N/mm²。

2. 砂浆

砂浆是由胶凝材料（水泥、石灰）和填充料（砂、矿渣、石屑等）混合加水搅拌而成。砖块需经砂浆砌筑成墙体，使它传力均匀，砂浆还起着嵌缝作用，能提高防寒、隔热和隔声的能力。砌筑砂浆要求有一定的强度，以保证墙体的承载能力，还要求有适当的稠度和保水性，即有好的和易性，方便施工。砌筑砂浆通常使用的有水泥砂浆、石灰砂浆及混合砂浆三种，具体内容见表 11-1。

表 11-1　砌筑砂浆的常用种类

名　称	内　　容
水泥砂浆	属于水硬性材料,强度高,防水性能好,较适合于砌筑潮湿环境的砌体,按照规范规定,在底层室内地面±0.000 以下要采用水泥砂浆砌筑
石灰砂浆	强度不如水泥砂浆,多用于砌筑次要民用建筑中地面以上的砌体
混合砂浆	是由水泥、石灰膏、砂加水拌合而成,这种砂浆属于气硬性材料,和易性较好,比较容易达到所需的强度,常用于砌筑地面上的砌体

砂浆的强度划分五个级别,分别是 M15、M10、M7.5、M5 和 M2.5。常用的砌筑砂浆标号是 M5、M7.5、M10 级砂浆。

3. 实体墙的组砌方式

组砌是指砌块在砌体中的排列。因为砌筑砂浆是砌体墙的薄弱环节,所以砌块在砌筑时必须做到错缝搭接,同时应便于砌筑和少砍砖,不应使墙体出现连结的垂直通缝。墙体表面或内部的垂直缝应处于一条线上,即形成通缝,横平竖直,砂浆饱满。无论砌块材料是砖、石或是砌块,均应遵循这一原则。另外,当墙面不抹灰作清水时,组砌还应考虑墙面图案美观。

在砖墙的组砌中,把砖的长方向垂直于墙面砌筑的砖叫作丁砖,把砖的长方向平行于墙面砌筑的砖叫作顺砖。上下两皮砖之间的水平灰缝做横缝,左右两块砖之间的垂直灰缝称作竖缝。标准缝宽为 10mm,可以在 8～12mm 间进行调节。要求顺砖和丁砖交替砌筑,灰浆饱满,横平竖直。

砖墙的组砌方式可分为以下几种。

1) 全顺式

全顺式也称走砖式,每皮均为顺砖叠砌而成。上下皮搭头互为半砖,适用半砖墙,如图 11-9(a)所示。

2) 每皮丁顺相间式

这种砌式的墙整体性好,墙面美观,但施工比较复杂,如图 11-9(b)所示。

3) 一顺一丁式

此种砌式墙的整体性好,强度较高,如图 11-9(c)所示。

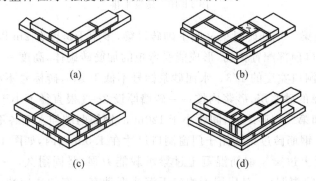

(a)　　　　　　　　　　(b)

(c)　　　　　　　　　　(d)

图 11-9　砖墙的组砌方式

(a) 全顺式;(b) 每皮丁顺相间式;(c) 一丁一顺式;(d) 两平一侧式

4）两平一侧

适用于墙厚为180mm的墙,其有一定的承载能力,比一砖墙省砖,但砌筑速度慢,且侧砖不易密缝,如图11-9（d）所示。

5）多顺一丁式

通常有三顺一丁式与五顺一丁式之分,即多层错位法,搭接不如一顺一丁式牢固,如用来砌筑两砖以上的厚墙时,不会影响墙身的强度却可以提高砌筑速度。

4．砖墙细部构造

1）门窗过梁

为了支撑洞口上方砌体所传来的各种荷载,并将这些荷载传给窗间墙,常在门窗洞口上方设置横梁,称为过梁。一般说来,由于上部砌体之间的错缝搭接,梁上的重量并不是全部压在过梁上,而是一部分传给过梁,另一部分传给过梁两侧的墙体。过梁是承重构件,根据材料和构造方式不同,过梁有以下三种。

（1）砖砌平拱。砖砌平拱是我国传统式做法,最大跨度可达1.2m,砖砌平拱过梁可节省钢材和水泥,但施工麻烦,当过梁上有集中荷载或震动荷载时,不宜采用砖砌平拱过梁,在地震设防地区也不宜采用。

砌平平拱过梁砌筑时,要求灰缝上宽下窄,最宽不大于20mm,最窄不小于5mm,拱两端伸入墙内20mm。砌筑砖砌平拱过梁的砂浆强度不宜低于M5。砖砌平拱过梁用竖砖砌筑部分的高度不应小240mm,如图11-10所示。

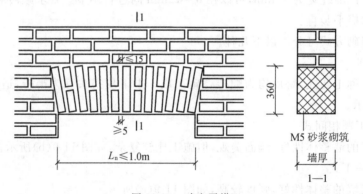

图 11-10　砖砌平拱

（2）钢筋砖过梁。钢筋砖过梁又叫平砌砖过梁,多用于跨度在2m以内的清水墙的门窗洞口上,是在洞口顶部配置钢筋,形成能受弯矩的加筋砖砌体,高度一般不小于5～7块砖,且不小于门窗洞口宽度的1/3。水泥砂浆标号不低于M5,砖标号不小于MU10,过梁下铺20～30mm厚的砂浆层,砂浆内按每一砖墙厚设2～3根直径不小于6mm的钢筋,并放置在第一皮砖和第二皮砖之间,间距小于120mm,钢筋两端伸入墙各不小于240mm,再向上弯起60mm。钢筋砖过梁适用于门窗洞口尺寸在1.5m以内,如图11-11所示。

（3）钢筋混凝土过梁。钢筋混凝土过梁承载能力强,坚固耐久,一般不受跨度的限制,可用于较宽的门窗洞口,对房屋不均匀下沉或振动有一定的适应性。可以预制装配,加快施工进度,故目前普遍采用钢筋混凝土过梁。过梁高度为60mm的倍数,过梁宽度与

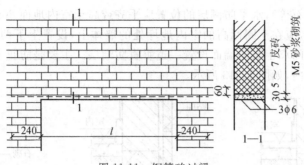

图 11-11　钢筋砖过梁

墙厚相同,高度按结构计算确定,但应配合砖的规格,常用过梁高度为 60mm、120mm、180mm、240mm。过梁的长度为洞口宽度加 500mm,即每端伸入墙内 250mm,9 度抗震设防时不应小于 360mm。

钢筋混凝土过梁常用断面形式有矩形、L 形以及组合截面。矩形多用于内墙和混水墙(对墙面要进行抹灰装修),L 形多用于外清水墙。钢筋混凝土的导热系数大于砖的导热系数,在寒冷地区为避免出现热桥和凝结水,常采用 L 形,减少钢筋混凝土外露面积,或全部把过梁包起来。

2) 墙脚构造

墙脚是指室内地面以下,基础以上的这段墙体,内外墙都有墙脚,外墙的墙脚又称勒脚。由于砖砌体本身存在很多微孔以及墙脚所处的位置,常有地表水和土层中的水渗入,致使墙身受潮、饰面层脱落、影响室内卫生环境。因此,必须做好墙脚防潮,增强勒脚的坚固及耐久性,排除房屋四周地面水。

(1) 勒脚构造。外墙与室外地面接近部位称为勒脚,一般情况下,其高度为室内地坪与室外地面的高差部分。

勒脚所处的位置使它容易受到外界的碰撞和雨雪的侵蚀。同时,地表水和地下水所形成的地潮还会因为毛细作用沿着墙身不断上升,容易造成勒脚部位的侵蚀和破坏,还会使底层室内墙面装修部位发生侵蚀。在寒冷的冬季,潮湿的墙体还会发生冻融现象,产生严重的后果。所以要求墙脚更加坚固耐久和防潮。另外,勒脚的做法、高矮、色彩等应结合建筑造型,选用耐久性高的材料或防水性能好的外墙饰面。一般采用以下几种构造做法,如图 11-12 所示。

抹灰勒脚:1:2.5 的水泥砂浆,厚为 20mm,或水刷石面、斩假石面。

贴面勒脚:装修标准高的建筑物可用贴面砖、花岗石、水磨石、大理石或人造石材等坚固耐久的材料代替砖勒脚。

勒脚用耐久性、防水性好的材料砌筑,如石材。

(2) 墙身防潮。由于毛细管作用,地下土层中的水分从基础墙上升,致使墙身受潮,从而容易引起墙体冻融破坏、墙身饰面发霉、剥落等。因此为了防止土层和地面水渗入砖砌体,需在墙脚铺设防潮层,以隔绝地下土层中的水分上升。

防潮层的位置与室内地面垫层所采用的材料有关。当室内地面垫层为刚性垫层如混凝土等密实材料时,防潮层的位置应设在垫层范围内,为便于施工,一般低于室内地坪 60mm 处,同时应至少高于室外地面 150mm,防止雨水溅湿墙面。当室内地面垫层为非刚性垫层(如炉渣、碎石等),水平防潮层的位置应平齐或高于室内地面60mm处。当内墙两侧地面出现高差时,应在不同标高的室内地坪处的墙体上,设置上下两道水平防潮层,在两道水平防潮层之间靠土层的墙面设置一道垂直防潮层。主要是防止土层中的水分从地面高的一侧渗入墙内,如图11-13所示。

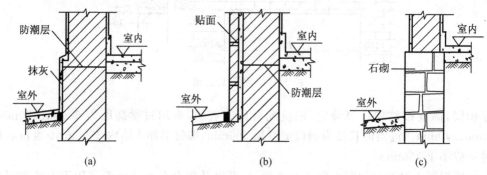

图 11-12　勒脚构造做法
(a)抹灰勒脚;(b)贴面勒脚;(c)石材砌筑勒脚

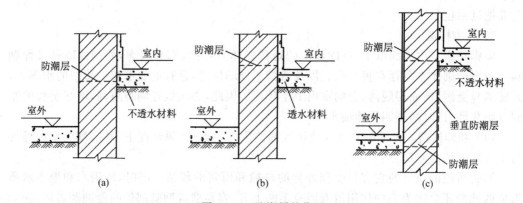

图 11-13　防潮层的位置
(a)防潮层为刚性垫层;(b)防潮层为非刚性垫层;(c)防潮层为刚性垫层室内外有高差

(3)防潮层做法。根据所用材料的不同,墙身水平防潮层的构造和做法见表11-2。

表 11-2　墙身水平防潮层的构造和做法

名　　称	内　　容
油毡防潮层	在防潮层位置先用10～12mm厚的1∶3水泥砂浆找平,防潮层之上依次铺一层油毡和两层沥青油。油毡防潮层的防潮效果较好,但油毡夹在墙体内,降低了上下砖砌体之间的黏结力,削弱了墙体的整体性,对抗震不利,而且其寿命很短,一般只有10年左右,目前已经淘汰不再使用
防水砂浆防潮层	需要在设置防潮层的位置做厚为20～25mm的1∶2水泥砂浆,掺入占水泥质量3%～5%的防水剂,就成了防水砂浆。防水砂浆适用于一般的砖砌体中,优点是砂浆防潮层不破坏墙体的整体性,且构造简单,省工省料;但因砂浆为刚性材料,宜断裂,所以不适用于地基产生不均匀沉降的建筑
细石混凝土防潮层	为了提高防潮层的抗裂性能,可以采用60mm厚的配筋细石混凝土。防潮层不易断裂,能与砌体结合为一体,防潮效果好,故适用于整体刚度要求较高的建筑

3）外墙周围的排水处理

（1）散水。为保护墙体不受雨水的侵蚀，常在外墙四周将地面做成向外倾斜的坡面，以便将屋面雨水排至远处，这一坡面称为散水。散水所用材料与明沟相同。散水坡度一般为 3％～5％，宽度一般为 600～1000mm。当屋面排水方式为自由落水时，要求其宽度比屋檐长出 200mm。用混凝土做散水时，为防止散水开裂，每隔 6～12m 留一条 20mm 的变形缝，用沥青灌实。在散水与墙体交接处设缝分开，嵌缝用弹性防水材料沥青麻丝，上用油膏作封缝处理。

（2）明沟。明沟是设置在外墙四周的将屋面落水有组织地导向地下排水集井的排水沟，其主要目的在于保护外墙墙基。明沟材料一般用素砼现浇外抹水泥砂浆，或砖砌筑，水泥砂浆抹面。

4）挑窗台。当室外雨水顺着窗户往下淌时，为避免雨水聚集窗下并侵蚀墙身，可以在窗下靠室外一侧设置泄水构件——挑窗台。挑窗台须向外形成一定的坡度，以利于泄水。处于内墙或阳台等处的窗户，不受雨水冲刷，可不设挑窗台。

挑窗台有悬挑窗台和不悬挑窗台之分。悬挑窗台可以改变墙体砌块的砌筑方式，使其局部倾斜并突出墙面。例如砖砌体采用顶砌一皮砖的方法，向外出挑 60mm。挑窗台长度每边应超过窗宽 120mm。挑窗台表面应做抹灰或贴面处理，侧砌挑窗台可做水泥砂浆勾缝的淌水窗台。挑窗台表面应做成一定的排水坡度，并应注意抹灰与窗下槛的交接处理，防止雨水向室内渗入。挑窗台下做滴水槽或斜抹水泥砂浆，引导雨水垂直下落而不致影响窗下墙面。

5. 混合结构建筑墙体抗震措施

混合结构是以砌体墙作为承重结构来支撑其他材料构成的屋盖系统或楼面的一种常用结构形式。砌体墙的砌筑块材以抗压强度为其基本力学特征，而且砌筑砂浆为砌体墙的薄弱环节。一旦有地震作用发生，建筑物的竖向承重体系容易遭到破坏，建筑物可能有倒塌的危险。因此，针对砌体墙的受力特征，需要对墙身采取如下抗震措施。

1）限制砌体墙的高度

一般情况下，砌体墙的高度不能超过规范规定。例如：抗震设防烈度为 7 度地区的多层普通砖房屋最大高度不超过 21m，层数不超过 7 层。设防烈度越大，其允许的最大高度越小。

2）加壁柱和门垛

当墙体的窗间墙上出现集中荷载，而墙厚又不足以承受时或墙体的长度和高度超过一定限度并影响墙体稳定性时，常在墙身局部适当位置增设凸出墙面的壁柱以提高墙体刚度。壁柱的尺度为 120mm×370mm、240mm×370mm、240mm×490mm 等。

当墙上开设门洞且门洞开在两墙转角处或丁字墙交接处时，为了便于门框的安置和保证墙体的稳定性，在门靠墙的转角部位或丁字交接的一边设置门垛。

3）设置圈梁和构造柱

在抗震设防地区设置圈梁和构造柱并使其相互连通，在墙体中形成一个骨架，加强建筑物的整体刚度，是混合结构建筑墙体的主要抗震措施。

圈梁配合楼板的作用可提高建筑的空间刚度和整体性，增强墙体的稳定性，减少由于

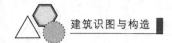

地基不均匀沉降而引起的开裂。对抗震设防地区,利用圈梁加固墙身尤为重要。圈梁的高度不小于120mm,一般设置4根φ8钢筋,并宜设在楼板标高处,尽量与楼板结构连成整体,也可设在门窗洞口上部,兼起过梁作用。钢筋混凝土圈梁必须全部现浇并且全部闭合。当遇到门窗洞口不能在同一高度上闭合时,应设置附加圈梁,如图11-14所示。

在地震设防区,对砖石结构建筑的高度、横墙间距、圈梁设置以及墙体的局部尺寸都提出了一定的限制和要求。此外,为增强建筑物的整体刚度和稳定性,还要求提高砌体砌筑砂浆的强度以及设置钢筋混凝土构造柱。

钢筋混凝土构造柱是从构造角度考虑设置的,一般设在建筑物易于发生变形的部位,例如建筑物的四角、内外墙交接处、楼梯间、电梯间、有错层的部位以及较长的墙体中。构造柱不单独承重,不设置构造柱基础,但必须与圈梁及墙体紧密连接,提高墙体的应变能力,使墙体由脆性变为延性较好的结构,做到裂而不倒。

构造柱的做法:先砌墙后浇钢筋混凝土柱,构造柱与墙的连接处宜砌成马牙槎,并沿墙高每隔500mm设2φ6水平拉结钢筋连接,每边伸入墙内不少于1000mm;柱截面应不小于180mm×240mm;混凝土的强度等级不小于C15;构造柱下端应锚固于基础或基础圈梁内;构造柱应与圈梁连接,如图11-15所示。

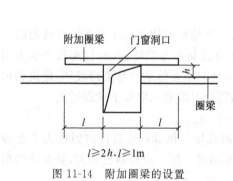

图 11-14 附加圈梁的设置

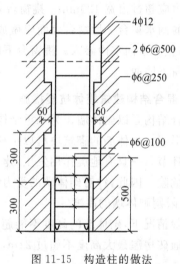

图 11-15 构造柱的做法

11.4 阳台、雨篷及楼地层构造

11.4.1 阳台构造

1. 阳台概述

阳台是楼房各层与房间相连并设有栏杆的室外小平台,是居住建筑中用以联系室内外空间和改善居住条件的重要组成部分。阳台主要由阳台板和栏杆扶手组成。

(1)阳台板是阳台的承重结构,栏杆扶手是阳台的围护构件,设于阳台临空一侧。

(2)栏杆扶手的高度不应低于1.05m,高层建筑不应低于1.1m。

（3）阳台地面低于室内地面 30~60mm,沿排水方向作排水坡,布置排水设施使排水通畅。

（4）阳台按其与外墙的相对位置分,有凸阳台、凹阳台和半凸半凹阳台。凹阳台实为楼板层的一部分,构造与楼板层相同。凸阳台的受力构件为悬挑构件,其挑出长度和构造做法必须满足结构抗倾覆的要求。

2. 阳台细部构造

1）阳台结构布置方式

阳台承重结构通常是楼板的一部分,因此阳台承重结构应与楼板的结构布置统一考虑,主要采用钢筋混凝土阳台板。钢筋混凝土阳台可采用现浇式、装配式或现浇与装配相结合的方式。

（1）现浇钢筋混凝土凸阳台。现浇钢筋混凝土凸阳台多用于阳台形状特殊及抗震设防要求较高的地区。

（2）预制钢筋混凝土凸阳台。预制钢筋混凝土凸阳台施工速度快,但抗震性能较差。当为凹阳台时,阳台板可直接由阳台两边的墙支撑,板的跨长与房屋开间尺寸相同。也可采用与阳台进深尺寸相同的板铺设。

（3）阳台栏杆（栏板）。栏杆（栏板）是为保证人们在阳台上活动安全而设置的竖向构件,要求坚固可靠,舒适美观。其净高应高于人体的重心,不宜小于 1.05m,也不应超过 1.2m。中高层、高层及寒冷、严寒地区住宅的阳台宜采用实体栏板。根据阳台栏杆（栏板）使用的材料不同,有金属栏杆（栏板）、钢筋混凝土栏杆（栏板）、砖栏杆（栏板）,还有不同材料组成的栏杆（栏板）。

2）细部构造连接

阳台细部构造主要包括栏杆与扶手的连接、栏杆与面梁（或称止水带）的连接、栏杆与墙体的连接、栏杆与花池的连接等。

栏杆与扶手的连接方式有焊接、现浇等方式;栏杆与面梁或阳台板的连接方式有焊接、榫接座浆、现浇等;扶手与墙的连接,应将扶手或扶手中的钢筋伸入外墙的预留洞中,用细石混凝土或水泥砂浆填实固牢;现浇钢筋混凝土栏杆与墙连接时,应在墙体内预埋尺寸为 240mm×240mm×120mm、强度等级为 C20 的细石混凝土块,从中伸出 2φ6、长为 300mm 的钢筋,与扶手中的钢筋绑扎后再进行现浇。为了阳台排水的需要和防止物品由阳台板边坠落,栏杆与阳台板的连接处需采用 C20 混凝土沿阳台板边现浇挡水带。栏杆与挡水带采用预埋铁件焊接,或直接座浆,或插筋连接。如采用钢筋混凝土栏板,可设置预埋铁件直接与阳台板预埋件焊接。

3）栏杆压顶

钢筋混凝土栏杆通常设置钢筋混凝土压顶,并根据立面装修的要求进行饰面处理。预制钢筋混凝土压顶与下部的连接可采用预埋铁件焊接,也可采用焊接座浆的方式,即在压顶底面留槽,将栏杆插入槽内,并用 M10 水泥砂浆座浆填实,以保证连接的牢固性。还可以在栏杆上留出钢筋,现浇压顶,这种方式整体性好、坚固,但现场施工较麻烦。

4）阳台的排水

阳台排水有外排水和内排水两种。外排水适用于低层和多层建筑,即在阳台一侧或两侧设排水口,阳台地面向排水口做 1‰～2‰的坡,排水口内埋设 $\phi40\sim\phi50$ 镀锌钢管或塑料管(称水舌),外挑长度不小于 80mm,以防雨水溅到下层阳台。内排水适用于高层建筑和高标准建筑,即在阳台内侧设置排水立管和地漏,将雨水直接排入地下管网,保证建筑立面美观,如图 11-16 所示。

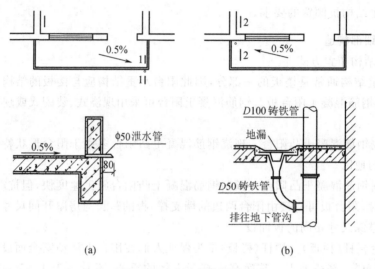

(a)   (b)

图 11-16　阳台排水的构造
(a) 外挑水管排水;(b) 内设水管排水

11.4.2　雨篷构造

雨篷通常设在房屋出入口的上方,为了使人们在雨天出入口处作短暂停留时不被雨淋,并起到保护门和丰富建筑立面的作用。通常,雨篷设在房屋出入口的上方,多为悬挑式,悬挑为 0.9～1.5m。顶部抹防水砂浆 20mm。

由于房屋的性质、出入口的大小和位置、地区气候特点,以及立面造型的要求等因素的影响,雨篷的形式可做成多种多样。根据雨篷板的支撑不同,一般采用门洞过梁悬挑板和墙或柱支撑两种形式。

1) 挑板式

挑板式雨篷外挑长度一般为 0.9～1.5m,板根部厚度不小于挑出长度的 1/8,且不小于 70mm,雨篷宽度比门洞每边宽 250mm,雨篷排水方式可采用无组织排水和有组织排水两种。雨篷顶面距过梁顶面 250mm,板底抹灰可抹 1∶2 水泥砂浆内掺 5‰防水剂的防水砂浆且厚为 15mm,多用于次要出入口。由于雨篷上荷载不大,悬挑板的厚度较薄,为了板面排水的组织和立面造型的需要,板外沿常做加高处理,采用混凝土现浇或砖砌成,板面需做防水处理,并在靠墙处做泛水,如图 11-17(a)所示。

2) 梁板式

梁板式雨篷多用在宽度较大的入口处,如影剧院、商场等。在主要出入口处悬挑梁从建筑物的柱上挑出,为使板底平整,多做成倒梁式,如图 11-17(b)所示。

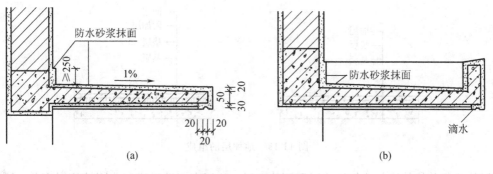

图 11-17 雨篷构造

（a）挑板式；（b）梁板式

3）吊挂式雨篷

对于钢构架金属雨棚和玻璃组合雨篷常用钢斜拉杆，以抵抗雨篷的倾覆。有时为了建筑立面效果的需要，立面挑出跨度大，也用钢构架带钢斜拉杆组成的雨篷。

11.4.3 楼地层构造

1. 楼地层的组成

楼层主要由面层、结构层和顶棚层三个基本层次组成。为了满足不同的使用要求，必要时还应设附加层，如图 11-18 所示。

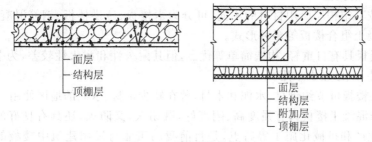

图 11-18 楼板层的组成

地坪层主要由面层、垫层和基层三个基本构造层组成。为满足使用和构造要求，必要时可在面层和垫层之间增设附加层，如结合层、隔离层、防潮层、防水层、管线敷设层、保温隔热层等，如图 11-19 所示。

楼地层是水平方向分隔房屋空间的承重构件，楼板层分隔上下楼层空间，地坪层分隔大地与底层空间。由于它们均是供人们在上面活动的，因此有相同的面层；但由于它们所处位置不同、受力不同，因此结构层有所不同。

楼板层的结构层为楼板，楼板承受楼板层上的全部荷载，并将其传给墙或柱，同时对墙体起水平支撑的作用，增强建筑物的整体刚度和墙体的稳定性。

顶棚层是楼板层下表面的面层，也是室内空间的顶界面，其主要功能是保护楼板、装饰室内、敷设管线及改善楼板在功能上的某些不足。

地坪层的结构层为垫层，垫层是地坪层的承重层，它必须有足够的强度和刚度，以承受

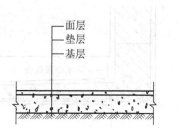
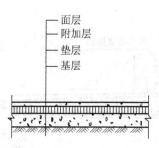

图 11-19　地坪层的组成

面层的荷载并将其均匀地传给垫层下面的土层。垫层有刚性垫层和非刚性垫层之分。刚性垫层常用低标号混凝土,一般为 C10 混凝土,其厚度为 80～100mm;非刚性垫层常用 50mm厚砂垫层、80～100mm 厚碎石灌浆、50～70mm 厚石灰炉渣、70～120mm 厚三合土(石灰、炉渣、碎石)。刚性垫层用于地面要求较高且薄而脆的面层,如水磨石地面、瓷砖地面、大理石地面等。非刚性垫层常用于厚且不易断裂的面层,如混凝土地面、水泥制品地面等。

附加层是在楼地层中起隔声、保温、找坡和暗敷管线等作用的构造层。

地坪面层是人们日常生活、工作、生产直接接触的地方,根据不同房间对面层有不同的要求,面层应坚固耐磨、表面平整、光洁、易清洁、不起尘。对于居住和人们长时间停留的房间,要求有较好的蓄热性和弹性;浴室、厕所则要求耐潮湿、不渗水;厨房、锅炉房要求地面防水、耐火;实验室则要求耐酸碱、耐腐蚀等。

2. 楼板层的类型

楼板层按其结构层所用材料的不同,可分为木楼板、砖拱楼板、钢筋混凝土楼板及压型钢板与混凝土组合楼板等多种形式。

(1) 木楼板具有自重轻、构造简单等优点,但其耐久性和耐火性较差,为节约木材,除产木地区以外,现已极少采用。

(2) 砖拱楼板可节约钢材、水泥和木材,曾在缺少钢材、水泥的地区使用。

(3) 钢筋混凝土楼板具有强度高、刚度好,既耐久,又防火,还具有良好的可塑性,且便于工业化生产和机械化施工等特点,是目前我国工业与民用建筑中楼板的基本形式。按其施工方式不同,混凝土楼板可分为现浇式钢筋、预制装配式钢筋和压型钢板三种类型,具体内容见表 11-3。

表 11-3　钢筋混凝土楼板的类型

类　　型	内　　容
现浇式钢筋混凝土楼板	根据受力和传力情况有板式楼板、梁板式楼板、无梁楼板等。①板式楼板是板内不设梁,板直接搁置在四周墙上。②梁板式楼板是由板、次梁、主梁组成的楼板。板支撑在次梁上,次梁支撑在主梁上,主梁支撑在墙或柱上。所有的板、梁都是在支模后整体浇筑而成。当房间的形状近似方形,跨度在 10m 左右时,常沿两个方向交叉布置等距离、等截面梁,形成井式楼板。③无梁楼板是在框架结构中将板直接支撑在柱上,且不设梁的楼板,分为无柱帽和有柱帽两种。当楼面荷载较小时,可采用无柱帽式的无梁楼板;当荷载较大时,为增加柱对板的支托面积并减小板跨度而采用有柱帽的无梁楼板

类　　型	内　　容
预制装配式钢筋混凝土楼板	这是用预制厂生产或现场预制的梁、板构件,现场安装拼合而成的楼板。其特点是节约模板,减轻工人的劳动强度,施工速度快,便于组织工厂化、机械化的生产和施工等。但这种楼板的整体性差,并需要一定的起重安装设备。 预制装配式钢筋混凝土楼板可分为实心平板(如图 11-20 所示)、槽形板(如图 11-21 所示)和空心板(如图 11-22 所示)三种
压型钢板混凝土组合楼板	压型钢板混凝土组合楼板是在型钢梁上铺设压型钢板,以压型钢板作衬板来现浇混凝土,使压型钢板和混凝土浇筑在一起共同起作用

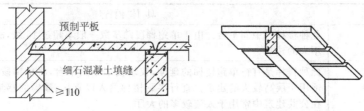

图 11-20　预制装配式钢筋混凝土实心平板

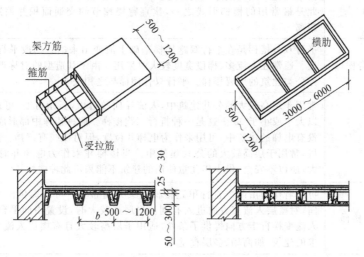

图 11-21　预制装配式钢筋混凝土槽型板

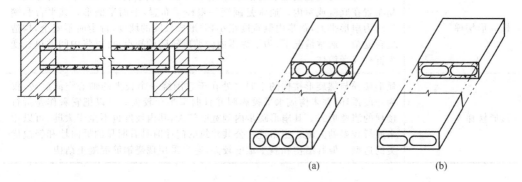

图 11-22　预制装配式钢筋混凝土空心板

（a）圆孔空心板；（b）方孔空心板

11.5 楼梯

11.5.1 楼梯的分类与组成

1. 楼梯的分类

常用楼梯的类型及其具体内容见表 11-4。

表 11-4　常用楼梯的类型

类　　型	具　体　内　容
直行单跑楼梯	此种楼梯无中间平台。由于单跑梯段踏步数一般不超过 18 级,故仅用于层高不大的建筑
直行多跑楼梯	此种楼梯是宜行单跑楼梯的延伸,仅增设了中间平台,将单梯段变为多梯段,适用于层高较大的建筑。直行多跑楼梯给人以直接、顺畅的感觉,导向性强,在公共建筑中常用于人流较多的大厅
平行双跑楼梯	由于爬完一层楼刚好回到原起步方位,与楼梯上升的空间回转往复性吻合,因此是最常用的楼梯形式之一,比直跑楼梯节约交通面积并缩短人们行走的距离
平行双分/双合楼梯	平行双分楼梯是在平行双跑楼梯基础上演变出来的。梯段平行,行走方向相反。通常在人流多、梯段宽度较大时采用。由于其造型的对称严谨性,常用作办公类建筑的主要楼梯。平行双合楼梯与之相反
折行多跑楼梯	常用于层高较大的公共建筑中,人流导向较自由,折角可变,可以为 90°,也可以大于或小于 90°。这是一种折行三跑楼梯。此种楼梯中部形成较大梯井,在没有电梯的建筑中,可用来作为电梯井位置,但对视线有遮挡。由于有三跑梯段,常用于层高较大的公共建筑中。当楼梯井未作为电梯井时,因楼梯井较大,所以不安全,供少年儿童使用的建筑不能采用此种楼梯
交叉跑(剪刀)楼梯	可以看作是由两个直行单跑楼梯交叉并列布置。可以提供两个人流疏散方向,对楼层人流多方向进入有利。当层高较大时,设置中间平台,中间平台为人流变换行走方向提供了条件,适用于层高较大且有楼层人流多向性选择要求的建筑,如商场、多层食堂等
螺旋形楼梯	不能作为主要人流交通和疏散楼梯,但由于其流线型造型美观,常作为建筑小品布置在庭院或室内。通常是围绕一根柱子布置,平面呈圆形。其平台和踏步均为扇形平面,踏步内侧宽度很小,并形成较陡的坡度,行走时不安全,构造也较复杂。通常情况下,为了克服内侧坡度较陡的缺点,可以将中间的单柱变为群柱或者筒体
弧形楼梯	弧形楼梯与螺旋形楼梯的不同之处在于它围绕一个较大的轴心空间旋转,仅为一段弧环,并未构成水平投影圆并且曲率半径较大。可以把它看作是折行楼梯的演变形式。其扇形踏步内侧宽度较大,其内坡度也不至于太陡,可以用来通行较多的人流。当布置在公共建筑的门厅时具有明显的导向性和轻盈优美的造型。但其结构和施工难度较大,通常采用现浇钢筋混凝土结构

2. 楼梯的组成

楼梯一般由梯段、平台、栏杆扶手三部分组成,如图 11-23 所示。

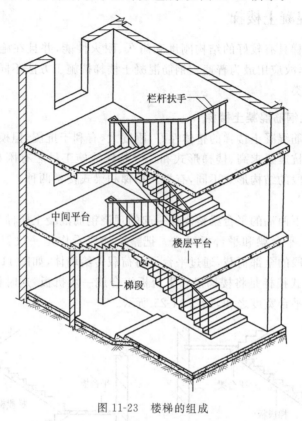

图 11-23 楼梯的组成

1) 梯段

梯段俗称梯跑,是联系两个不同标高平台的倾斜构件。通常为板式梯段,也可以由踏步板和梯斜梁组成梁板式梯段。为了减轻疲劳,梯段的踏步步数一般不宜超过 18 级,但也不宜少于 3 级,因为步数太少不易为人们察觉,容易摔倒。

2) 平台

平台按平台所处位置和高度不同,可分为中间平台和楼层平台。两楼层之间的平台称为中间平台,用来供人们行走时调节体力和改变行进方向。而与楼层地面标高齐平的平台称为楼层平台,除起着与中间平台相同的作用外,还可用来分配从楼梯到达各楼层的人流。

3) 栏杆扶手

栏杆扶手是设在梯段及平台边缘的安全保护构件。当梯段宽度不大时,可只在梯段临空面设置。当梯段宽度较大时,非临空面也应加设靠墙扶手。当梯段宽度很大时,则需在梯段中间加设中间扶手。

楼梯作为建筑空间竖向联系的主要部件,其位置应明显,起到提示及引导人流的作用,并要充分考虑其造型应美观,人流通行顺畅,行走舒适,结合坚固,防火安全,同时应满足施工和经济条件的要求。因此,需要合理地选择楼梯的形式、坡度、材料、构造做法,精心地处理好其细部构造。

11.5.2 钢筋混凝土楼梯

钢筋混凝土楼梯具有较好的结构刚度和耐久、耐火性能,并且在施工、造型和造价等方面也有较多优点,故应用最为普遍。钢筋混凝土楼梯按施工方法不同,主要有现浇整体式和预制装配式两类。

1. 现浇整体式钢筋混凝土楼梯

现浇整体式钢筋混凝土楼梯的整体性好,刚度大,有利于抗震,但模板耗费大,施工期较长。一般适用于抗震要求高、楼梯形式和尺寸特殊或施工吊装有困难的建筑。现浇钢筋混凝土楼梯按梯段的结构形式不同,有板式楼梯和梁式楼梯两种。

1)板式楼梯

梯段分别与上下两端的平台梁整浇在一起的现浇钢筋混凝土楼梯为板式楼梯。板式楼梯通常由梯段板、平台梁和平台板组成。把整个梯段看作是一块斜放的板,称为梯段板。梯段板承受梯段的全部荷载,通过平台梁将荷载传给墙体,如图 11-24 所示。

无平台梁的板式楼梯是将楼梯段和平台板组合成一块折板,这时板的跨度为楼梯段的水平投影长度与平台宽度之和,如图 11-25 所示。

图 11-24　有平台梁的板式楼梯

图 11-25　无平台梁的板式楼梯

板式楼梯的梯段底面平整,外形简洁,便于支模施工。但是,当梯段跨度较大时,梯段板较厚,自重较大,钢材和混凝土用量较多,不经济。当梯段跨度不大时(一般不超过3m),常采用板式楼梯。

2)梁板式楼梯

梁板式楼梯梯段是由踏步板和梯段斜梁(简称梯梁)组成。梯段的荷载由踏步板传递给梯梁,再通过平台梁将荷载传给墙体。梯梁通常设两根,分别布置在踏步板的两端。梯梁与踏步板在竖向的相对位置有两种:明步和暗步。明步的斜梁一般设两根,位于踏步板两侧的下部,这时踏步外露;暗步的斜梁位于踏步板两侧的上部,这时踏步被斜梁包在里面。

梁板式楼梯比板式楼梯的钢材和混凝土用量少、自重轻,但支模和施工较复杂。当荷载或梯段跨度较大时,采用梁式楼梯比较经济。

2. 预制装配式钢筋混凝土楼梯

预制装配式钢筋混凝土楼梯现场一般为无水作业,施工速度较快,故应用较广。为适应不同的生产运输和吊装能力,预制装配式钢筋混凝土楼梯有小型、中型和大型预制构件之分。

小型构件装配式楼梯,是将楼梯的梯段和平台划分成若干部分,分别预制成小构件装配而成。由于各构件的尺寸小、重量轻,制作、运输和安装简便,造价较低,但构件数量多,施工速度较慢,适用于施工吊装能力较差的情况。

大型构件主要是以整个梯段以及整个平台为单独的构件单元,在工厂预制好后运到现场安装;中型构件主要是将梯段和平台分别预制以减少对大型运输和起吊设备的要求。钢筋混凝土的构件在现场可通过预埋件焊接,也可通过构件上的预埋件和预埋孔相互套接。

11.5.3　楼梯构件尺寸

1. 踏步尺寸

楼梯的踏步尺寸包括踏面宽和踏面高,踏面是人脚踩的部分,其宽度不应小于成年人的脚长,一般为 250～320mm。踏面高与踏面宽有关。踏步的高宽比需要根据人流行走的舒适度、安全性和楼梯间的尺度、面积等因素进行综合权衡。常用的楼梯坡度比为 1:2 左右。楼梯踏步的踏步高和踏步宽尺寸一般根据经验数据确定,踏步的高度,成人以 150mm 左右较适宜,不应高于 175mm。为了满足人们行走的安全舒适性,又少占面积,在不增加梯段长度的情况下,对踏步可采取下列措施增加踏步的宽度,将踏步面出挑 20～40mm,使踏步的实际宽度大于其水平投影宽度。

2. 梯段尺寸

(1) 楼梯段的宽度是指楼梯段临空侧扶手中心线到另一侧墙面(或靠墙扶手中心线)之间的水平距离。楼梯段的宽度应根据楼梯的设计人流股数、防火要求及建筑物的使用性质等因素确定。每股人流按 550～600mm 宽度考虑;双人通行时为 1100～1200mm;三人通行时为 1650～1800mm。在满足以上这些要求的同时,需要满足各类建筑设计规范中对梯段宽度的最低限度要求,如住宅大于 1100mm,公共建筑大于 1300mm 等。

(2) 梯段长度则是每一梯段的水平投影长度。

3. 平台宽度

平台宽度分中间平台宽度和楼层平台宽度。

为了保证通行顺畅和搬运家具设备的方便,楼梯中间平台的宽度应不小于楼梯段的宽度且不小于 1.1m。直行多跑楼梯,其平台宽度等于梯段宽。如住宅建筑、医院建筑中,平行和折行多跑楼梯的中间平台还应保证家具以及担架在平台处能转向通行,一般情况下平台宽度不小于 1800mm;直行多跑楼梯,中间平台宽度不小于 1000mm。对于不改变行进方向的中间平台(双跑直梯式)及通向走廊楼层的楼层平台不受此限制。

4. 梯井宽度

梯井是相邻楼梯段和平台所围成的上下连通的空间。此空间从顶层到底层贯通。为了安全,其宽度以 60～200mm 为宜,公共建筑楼梯井的净宽不应小于 150mm。在平行多跑楼梯中,可以不设置梯井,但为了梯段安装和平台转变缓冲,可以设置梯井。当梯井宽

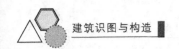
度大于 500mm 时,常在平台处设水平保护栏杆或其他防坠落措施;有儿童经常使用的楼梯,必须采取安全措施。

5. 栏杆扶手尺寸

扶手高度是指踏步前缘到扶手顶面的垂直距离。

一般建筑物楼梯扶手高度为 900mm;平台上水平扶手长度超过 500mm 时,其高度不应小于 1000mm;幼儿园建筑的扶手高度不能降低,可增加一道 600～700mm 高的儿童扶手。

1) 设置条件

当梯段的垂直高度大于 1.0m 时,应当在梯段的临空面设置栏杆。楼梯至少应在临空一侧设置扶手。

当设计人流为三股人流(大于 1.4m)时,应两侧设扶手。

当设计人流为四股人流(大于 2.2m)时,应加设中间扶手。

2) 设置要求

室内栏杆的高度指踏步前缘线量大于 0.9m。

室外楼梯栏杆高度大于 1.05m。

高层建筑室外楼梯栏杆高度大于 1.1m。

当梯井一侧水平扶手长度超过 0.5m 时,扶手高度大于 1.0m。

6. 楼梯净空高度

楼梯的净空高度包括楼梯段上的净空高度和平台上的净空高度。

(1) 楼梯段上的净空高度是指踏步前缘到上部结构底面之间的垂直距离,应不小于 2200mm。确定楼梯段上的净空高度时,楼梯段的计算范围应从楼梯段最前和最后踏步前缘分别往外 300mm 算起。

(2) 平台上的净空高度是指平台表面到上部结构最低处之间的垂直距离,应不小于 2000mm。

11.5.4 台阶和坡道

1. 台阶

(1) 室外台阶是建筑出入口处室内外高差之间的交通联系部件。由于其位置明显,人流较大,又处于露天,特别是当室内外高差较大或基层土质较差时,须慎重处理。

(2) 台阶处于室外,踏步宽度应比楼梯大一些,使坡度平缓,以提高行走舒适度。其踏步高一般在 100～150mm,踏步宽在 300～400mm,步数根据室内外高差确定。在台阶与建筑出入口大门之间,常设一缓冲平台,作为室内外空间的过渡。平台深度一般不应小于 1000mm。平台需做 3% 左右的排水坡度,以利雨水的排除。

(3) 台阶应等建筑物主体工程完成后再进行施工,并与主体结构之间留出约 10mm 的沉降缝。室外台阶应坚固耐磨,具有较好的耐久性、抗冻性和抗水性。台阶按材料不同,可分为混凝土台阶、石台阶和钢筋混凝土台阶等。混凝土台阶由面层、混凝土结构层和垫层组成。面层可用水泥砂浆或水磨石面层,也可采用缸砖、马赛克、天然石或人造石等块材面层,垫层可采用灰土、三合土或碎石等。

2. 坡道

（1）坡道按照用途可以分为轮椅坡道和行车坡道。行车坡道又可以分为普通行车坡道和回车坡道。

（2）坡道的坡度与使用要求、面层材料和做法有关。坡度大,使用不便;坡度小,占地面积大,不经济。坡道的坡度一般为 1∶6～1∶12。面层光滑的坡道,坡度不宜大于 1∶10。粗糙材料和设防滑条的坡道,坡度可稍大,但不应大于 1∶6,锯齿形坡道的坡度可加大至 1∶4。建筑物出入口的坡道宽度不应小于 1200mm,坡道不宜大于 1/12,当坡度为 1/12 时,每段坡道的高度不应大于 750mm,水平投影长度不应大于 9000mm。

与台阶一样,坡道也应采用耐久、耐磨和抗冻性好的材料,一般多采用混凝土坡道,也可采用天然石坡道等。坡道的构造要求和做法与台阶类似,但坡道对防滑要求较高。混凝土坡道可在水泥砂浆面层上画格,以增加摩擦力。坡度较大时,可设防滑条,或做成锯齿形。天然石坡道可对表面做粗糙处理,如图 11-26 所示。

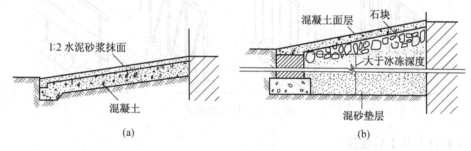

图 11-26　坡道构造
（a）混凝土坡道；（b）石坡道

11.5.5　楼梯细部构造

1. 踏步的面层和细部构造

楼梯踏步的踏面应光洁、耐磨,易于清扫。楼梯踏步面层装修做法根据造价和装修标准的不同,可以采用水泥砂浆、水磨石等,也可采用铺缸砖、贴油地毡或铺大理石板,还可在面层上铺设地毯。

为防止行人在上下楼梯时滑跌,特别是水磨石面层以及其他表面光滑的面层,常在踏步近踏口处,用不同于面层的材料做出略高于踏面的防滑条;或用带有槽口的陶土块或金属板包住踏口。如果面层是采用水泥砂浆抹面,由于表面粗糙,可不做防滑条。常用的防滑条材料有水泥铁屑、金刚砂、金属条(铸铁、铝条、铜条)、马赛克及带防滑条缸砖等。防滑条应突出踏步面 2～3mm,但不能太高,使行走不便,如图 11-27 所示。

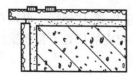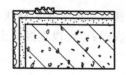

图 11-27　踏步面层及防滑条

2．栏杆和扶手

1）栏杆和扶手的设计

栏杆扶手是楼梯边沿处的围护构件，具有防护和依扶功能，并兼起装饰作用。栏杆扶手通常只在楼梯梯段和平台临空一侧设置。梯段宽度达 1400mm 或三股人流时，应在靠墙一侧增设扶手，即靠墙扶手；梯段宽度达四股人流时，须在中间增设栏杆扶手。栏杆扶手的设计，应考虑坚固安全、适用、美观等，并应注意儿童扶手的设置。

2）栏杆和扶手的形式

栏杆一般采用方钢、圆钢、扁钢、钢管等制作成各种图案，既起安全防护作用，又有一定的装饰效果。如图 11-28 所示，栏板多采用钢筋混凝土或配筋的砖砌体；组合栏杆是将栏杆和栏板组合在一起的一种栏杆形式。栏杆部分一般采用金属杆件，栏板部分可采用预制混凝土板材、有机玻璃、钢化玻璃、塑料板等。

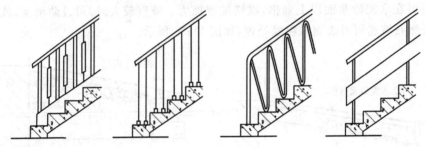

图 11-28　栏杆的形式

3）栏杆与扶手的连接

栏杆与平台、梯段之间的连接一般是在梯段和平台上预埋钢板焊接或预留空插接。当直接在墙上装设扶手的时候，扶手应与墙面保持 100mm 左右的距离。当墙体为砖墙的时候一般是预留洞口，钢筋混凝土墙或柱一般采用预埋钢板焊接，如图 11-29 所示。

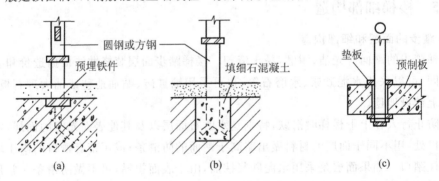

图 11-29　栏杆与梯段连接形式

（a）预埋铁件；（b）预留孔中填水泥砂浆固定；（c）预留螺栓孔要固定

靠墙扶手以及楼梯顶层的水平栏杆扶手应与墙、柱连接。可以在砖墙上预留孔洞，将栏杆扶手插入洞内并嵌固；也可以在混凝土柱相应的位置上预埋铁件，再与栏杆扶手的铁件焊接。

11.6   门和窗

门和窗属于房屋建筑中的围护及分隔构件,本身不承重。门的主要功能是交通出入及联系、分隔建筑空间,也可起到通风和采光的作用;窗主要的作用是采光、通风和眺望,它们均属建筑的围护构件。此外,门窗对建筑物的外观及室内装修造型影响也很大,因此,对门和窗来说,总体要求应是坚固耐用、美观大方、开启方便、关闭紧密、便于清洁维修。常用门窗材料有木、钢、铝合金、塑料和玻璃等。

11.6.1   门的种类与构造

1. 门的常用种类

门的常用种类如图 11-30 所示,具体说明见表 11-5。

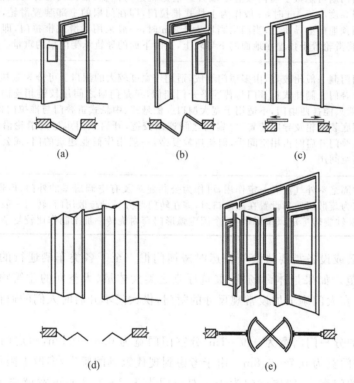

图 11-30   门的种类
(a) 平开门;(b) 弹簧门;(c) 推拉门;(d) 折叠门;(e) 转门

2. 门尺寸

1) 门高

供人通行的门高度一般不低于 2m,不宜超过 2.4m,否则有空洞感,门扇制作也需特别加强。如造型、通风、采光需要时,可在门上加腰窗,其高度从 0.4m 起,但不宜过高。供车辆或设备通过的门,要根据具体情况决定,其高度宜较车辆或设备高出 0.3～0.5m,

表 11-5　门的种类及说明

类型	说明
平开门	平开门是水平开启的门,它的铰链装于门扇的一侧并与门框相连,使门扇围绕铰链轴转动。其门扇有单扇、双扇,以及向内开和向外开之分。平开门构造简单,开启灵活,加工制作简便,易于维修,在建筑中最常见,使用最广泛。但是由于门扇受力状态较差,容易产生下垂或扭曲变形,所以门洞尺寸一般不超过 3.6m×3.6m
弹簧门	弹簧门的开启方式与普通平开门相同,可以单向或双向开启。所不同之处是以弹簧铰链代替普通铰链,借助弹簧的力量使门扇能向内、向外开启并可经常保持关闭,主要用于有自关要求的房间,如卫生间。双面弹簧常用于公共建筑中人流出入较频繁的场所。考虑到使用上的安全,为避免人流出入相撞,门扇上部一般镶嵌玻璃,使其两边的使用者可以互相观察到对方的行为。根据规范规定,中小学建筑中不能使用弹簧门
推拉门	推拉门开启时门扇沿轨道向左右滑行,通常为单扇和双扇,也可做成双轨多扇或多轨多扇。开启时门扇可隐藏于墙内或悬于墙外。根据轨道的位置,推拉门可分为上挂式和下滑式。当门扇高度小于 4m 时,一般作为上挂式推拉门,即在门扇的上部装置滑轮,滑轮吊在门过梁之顶预埋的上导轨上;当门扇高度大于 4m 时,一般采用下滑式推拉门,即在门扇下部装滑轮,将滑轮置于预埋在地面的下导轨上,这时下面的导轨承受门扇的重量
折叠门	折叠门门洞一般比较宽,由多扇门组成,适用于宽度较大的洞口。可分为侧挂式、侧悬式、中悬式折叠门。侧挂式折叠门与普通平开门相似,只是门扇之间用铰链相连而成。当用铰链时,一般只能挂两扇门,不适用于宽大洞口。侧悬式、中悬式折叠门与推拉门构造相似,在门顶或门底装滑轮及导向装置,每扇门之间连以铰链,开启式门通过滑轮沿着导向装置移动。折叠门开启时占用空间少,但构造较复杂,一般用作商业建筑的门,或公共建筑中作灵活分隔空间用
转门	转门对隔绝室外气流有一定作用,可作为公共建筑及有空调房屋的外门,但通行能力较弱,不能作为疏散门。当设置在疏散口时,需在转门两旁另设疏散用门;转门一般分为两扇或四扇,绕竖轴旋转形成风车形,在两个固定弧形门套内旋转。加工制作比较复杂

以免车辆因颠簸或设备需要垫滚筒搬运时碰撞门框。至于各类车辆通行的净空要求,要查阅相应的规范。如果是体育场馆、展览厅堂之类大体量、大空间的建筑物,需要设置超尺度的门时,可在大门扇上加设常规尺寸的附门,供大门不开启时人们的通行。

2)门宽

一般住宅的分户门门宽为 0.9~1m,分室门门宽为 0.8~0.9m,厨房门门宽为 0.8m 左右,卫生间门门宽为 0.7~0.8m。由于考虑到现代家具的搬入,多取上限尺寸。

公共建筑的门宽,一般单扇门为 1m,双扇门为 1.2~1.8m,再宽就要考虑门扇的制作,双扇门或多扇门的门扇宽以 0.6~1.0m 为宜。

供安全疏散的太平门的宽度,要根据计算和有关防火规范规定设置。

管道井中供检修的门,宽度一般为 0.6m。

11.6.2　窗的种类与构造

1. 窗的常用种类

窗的常用种类如图 11-31 所示,具体说明见表 11-6。

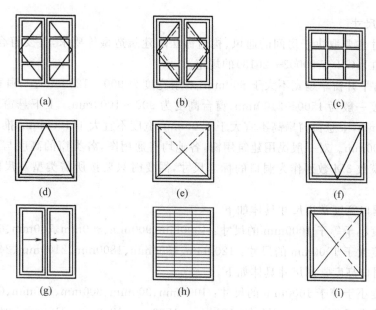

图 11-31　窗的种类

(a) 平开窗(单层外开)；(b) 平开窗(双层内、外开)；(c) 固定窗；(d) 上悬窗；
(e) 中悬窗；(f) 下悬窗；(g) 水平推拉窗；(h) 百叶窗；(i) 立转窗

表 11-6　窗的种类及说明

种类	说　　明
平开窗	铰链安装在平开窗扇一侧并与窗框相连,向外或向内水平开启。外开可以避免雨水侵入室内,并且不占用室内空间。平开窗构造简单,开启灵活,制作维修均方便,是民用建筑中使用较为广泛的窗
固定窗	固定窗的玻璃直接镶嵌在窗框上,可供采光和眺望之用,不能通风。其构造简单,密闭性好,多与门亮子和开启窗配合使用
悬窗	按照铰链和转轴位置不同,可分为上悬窗、下悬窗和中悬窗。 上悬窗一般外开,防雨效果好,多用作外门和窗上的亮子,铰链安装在窗扇的上边。 下悬窗一般内开,通风较好,不防雨。内开占用室内空间,一般用于内门上的亮子,不宜用作外窗。铰链安装在窗扇的下边。 中悬窗开启时上部向内,下部向外,对挡雨、通风有利,易于机械化开启,常用作大空间建筑的高侧窗,也可用于外窗或靠外廊的窗。在窗扇两边中部装水平转轴,开启时窗扇绕水平轴旋转
推拉窗	推拉窗分为垂直推拉窗和水平推拉窗两种。推拉窗简洁、美观,窗幅大,视野开阔,采光率高,使用灵活,安全可靠,使用寿命长,在一个平面内开启,占用空间少,安装纱窗方便。目前采用最多的就是推拉窗。其缺点是两扇窗户不能同时打开,最多只能打开一半,通风性相对差一些,有时密封性也稍差
百叶窗	百叶窗的窗扇一般用塑料、金属或木材等制成小板材,与两侧框料相连接,有固定式和活动式两种。百叶窗的采光效率低,主要用作遮阳、防雨及通风
立转窗	立转窗是窗绕垂直中轴转动的窗。这种窗通风效果好,但不严密,不宜用于寒冷和多风沙的地区

2. 窗的尺寸

窗的尺寸主要取决于房间的通风、构造做法和建筑造型等要求,并要符合《建筑模数协调统一标准》(GB/T 50002—2013)的规定。

(1)通常平开窗单扇宽不大于 600mm,双扇宽度为 900~1200mm;三扇宽为 1500~1800mm;高度一般为 1500~2100mm;窗台高度为 900~1000mm。上下悬窗的窗扇高度为 300~600mm,中悬窗窗扇高不宜大于 1200mm,宽度不宜大于 1000mm;推拉窗高宽均不宜大于 1500mm。对一般民用建筑用窗,各地均有通用图,各类窗的高度与宽度尺寸通常采用扩大模数 3M 数列作为洞口的标志尺寸,需要时只要按所需类型及尺度大小直接选用。

(2)窗洞口宽度常用尺寸具体如下。

洞口宽度小于等于 1000mm 的尺寸:1000mm、900mm、800mm、700mm、600mm。

洞口宽度大于 1000mm 的尺寸:1200mm、1500mm、1800mm、2100mm、2400mm。

(3)窗洞口高度常用尺寸具体如下。

洞口高度小于等于 1000mm 的尺寸:1000mm、900mm、800mm、700mm、600mm。

洞口高度大于 1000mm 的尺寸:1200mm、1500mm、1800mm、2100mm、2400mm。

11.7 屋顶

11.7.1 屋顶的分类与功能

1. 屋顶的分类

屋顶按其外形一般可分为平屋顶、坡屋顶、其他形式的屋顶,具体说明见表 11-7。

表 11-7 屋顶的种类

名 称	说 明
平屋顶	大型民用建筑一般采用混合结构或框架结构,结构空间与建筑空间多为矩形,这种情况下采用与楼盖基本相同的屋顶结构,就形成平屋顶。平屋顶易于协调统一建筑与结构的关系,较为经济合理,因此是广泛采用的一种屋盖形式。 屋盖既是承重构件,又是围护结构。屋盖构造具有多种材料叠合、多层次做法的特点。屋顶有一定的排水坡度,通常把坡度小于 5% 的屋顶称为平屋顶。最常用的排水坡度为 2%~3%
坡屋顶	通常是指屋面坡度较陡的屋顶,其坡度一般大于 10%。坡屋顶是我国传统的建筑屋顶形式,在民用建筑中应用非常广泛,城市建设中某些建筑为满足建筑风格的要求也常采用这种形式
其他形式的屋顶	随着建筑科学技术的发展,出现了许多新型结构的屋顶,如球面、曲面、折面等特殊形状的屋顶。这类屋顶施工复杂,造价高,多用于较大跨度的公共建筑,如拱屋盖、薄壳屋盖、折板屋盖、悬索屋盖、网架屋盖等。这些屋顶的结构形式独特,使得建筑物的造型更加丰富

2. 屋顶的功能

屋顶是建筑物的围护结构,应能抵御自然界各种环境因素对建筑物的不利影响,首先是能抵御风、霜、雨、雪的侵袭，其中，防止雨水渗漏是屋顶的基本功能要求，也是屋顶设计的核心。其次，屋顶应能抵御气温的影响。我国地域辽阔，南北气候相差悬殊，通过采取适当的保温隔热措施，使屋顶具有良好的热工性能，以便给建筑提供舒适的室内环境，也是屋顶设计的一项重要内容。

屋顶主要有三个作用：一是承重作用；二是围护作用；三是装饰建筑立面。

屋顶应满足坚固耐久、防水排水、保温隔热、抵御侵蚀等使用要求，同时应做到自重轻、构造简单、施工方便、造价经济，并与建筑整体形象协调统一。其中防水是对屋顶最基本的要求，屋顶的防水等级和设防要求见表 11-8。

表 11-8　屋顶的防水等级和设防要求

防水等级	建筑物类别	防水层使用年限	防水选用材料	设防要求
一级	特别重要的民用建筑和对防水有特殊要求的工业建筑	25 年	宜选用合成高分子防水卷材、高聚物改性沥青防水卷材、合成高分子防水涂料、细石防水混凝土等材料	三道或三道以上防水设防，其中应用一道合成高分子防水卷材，且只能有一道厚度不小于 2mm 的合成高分子防水涂膜
二级	重要的工业与民用建筑、高层建筑	15 年	宜选用高聚物改性沥青防水卷材、合成高分子防水卷材、合成高分子防水涂料、高聚物改性沥青防水涂料、细石防水混凝土、平瓦等材料	二道防水设防，其中应有一道卷材；也可采用压型钢板进行一道设防
三级	一般的工业与民用建筑	10 年	应选用三毡四油沥青防水卷材、高聚物改性沥青防水卷材、合成高分子防水卷材、高聚物改性沥青防水涂料、合成高分子防水涂料、沥青基防水涂料、刚性防水层、平瓦及油毡瓦等材料	一道防水设防，或两种防水材料复合使用
四级	非永久性的建筑	5 年	可选用二毡三油沥青防水卷材、高聚物改性沥青防水涂料、沥青基防水涂料、波形瓦等材料	一道防水设防

11.7.2　屋面防水

1. 柔性防水屋面

卷材防水屋面是用防水卷材与黏合剂结合在一起，形成连续致密的构造层，从而达到防水的目的。

按卷材的常见类型分为沥青卷材防水屋面、高聚物改性沥青防水卷材屋面、高分子类卷材防水屋面。卷材防水屋面由于防水层具有一定的延伸性和适应变形的能力，故而又被称为柔性防水屋面。卷材防水屋面较能适应温度、振动、不均匀沉降因素的变化作用，能承受一定的水压，整体性好，不易渗漏。严格遵守施工操作规程时能保证防水质量，但是施工较为复杂，技术要求较高。

1）防水材料

（1）卷材的主要说明见表11-9。

表 11-9　常用防水卷材的说明

名　称	说　明
沥青类防水卷材	传统上用得最多的是纸胎石油沥青油毡。沥青油毡防水屋面的防水层容易产生起鼓、沥青流淌、油毡开裂等问题，从而导致防水质量下降和使用寿命缩短，近年来在实际工程中已较少采用
高聚物改性沥青类防水卷材	高聚物改性沥青类防水卷材是高分子聚合物改性沥青为涂盖层，纤维织物或纤维毡为胎体、粉状、粒状、片状或薄膜材料为覆面材料制成的可卷曲片状防水材料
合成高分子防水卷材	凡以各种合成橡胶、合成树脂或二者的混合物为主要原料，加入适量化学助剂和填充料加工制成的弹性或弹塑性卷材，均称为高分子防水卷材。 高分子防水卷材具有重量轻、适用温度范围宽（－20～80℃）、耐受能力好、抗拉强度高（2～18.2MPa）、延伸率大（可大于45％）等优点

（2）卷材黏合剂。用于沥青卷材的黏合剂主要有冷底子油、沥青胶等。冷底子油是将沥青稀释溶解在煤油、轻柴油或汽油中制成，涂刷在水泥砂浆或混凝土层面作打底用；沥青胶是在沥青中加入填充料加工制成，有冷、热两种，每种又均有石油沥青胶和煤油沥青胶两种。

2）防水屋面构造层次

防水屋面构造层次的主要组成内容见表11-10。

表 11-10　防水屋面构造层次的主要组成内容

名称	说　明
找坡层	对于水平搁置屋面板，层面排水坡度的形成常采用材料找坡，用1∶8的水泥焦砟或石灰炉渣，根据找坡材料的厚度不一，形成排水坡度
找平层	防水卷材应铺设在平整且坚固的基层上，以避免油毡凹陷或断裂，故在松散的找坡材料上设置找平层。找平层一般采用20mm厚的1∶3水泥砂浆，也可采用1∶8的沥青砂浆。找平层宜留分格缝，缝宽为20mm；分格缝应留在预制板支撑端的拼缝处，其纵向的最大间距不宜大于6m；分格缝上应附加200～300mm的油毡。若在预制屋面板结构找坡层上，因施工铺板难以保证平整，找平层厚度为15～30mm
结合层	结合层的作用是使卷材与基层胶结牢固。沥青类卷材通常用冷底子油作结合层，高分子卷材则多用配套基层处理剂
防水层	高聚物改性沥青防水卷材的铺贴方法有冷粘法和热熔法两种。冷粘法是用黏合剂将卷材粘贴在找平层上，或利用某些卷材的自黏性进行铺贴
保护层	不上人屋顶保护层做法：上撒粒径为3～5mm的小石子，称为绿豆砂，作保护层。小石子要求耐风化、颗粒均匀、色浅，可反射太阳辐射，能降低屋面温度，价格较低。绿豆砂施工时应预热，温度为100℃左右，趁热铺撒，使其与沥青黏结牢固。 上人屋顶保护层做法：上人屋顶保护层起着双重作用，既保护油毡，又是地面面层，因此要求平整耐磨

3）细部构造

油毡屋面防水层是一个大面积、封闭的整体。如果在屋顶上开设孔洞，有管道穿出屋面，或屋顶四周边缘封闭不牢，都会破坏油毡屋面的整体性，成为防水的薄弱环节，造成渗漏。因此必须对这些细布加构造处理。

（1）泛水构造。泛水是指屋面与垂直墙面相交处的防水处理。例如：女儿墙、山墙、烟囱、变形缝、高低屋面的墙面与屋面交接处，均需作泛水构造处理，防止交接缝出现漏水。泛水处于迎水面时，其高度不小于 250mm；将屋面油毡铺至垂直墙面上，形成油毡泛水，并加铺一层油毡；泛水处抹成圆弧形，圆弧半径为 50～100mm；做好油毡收头处理；做好油毡收头盖缝处理。

（2）檐口构造。挑檐口按形式可分无组织排水和檐沟外排水。其防水构造的要点是做好油毡的收头，使屋顶四周的油毡封闭，避免雨水侵入。

2. 刚性防水屋面

用刚性防水材料，如防水砂浆、细石混凝土、配筋的细石混凝土等做防水层的屋面。其特点是构造简单、施工方便、造价低廉，但对温度变化和结构变形较敏感，容易产生裂缝而渗漏。刚性防水屋面要求基层变形小，一般不适用于保温的屋面，因为保温层多采用轻质多孔材料，其上不宜进行浇筑混凝土的用水作业；刚性防水屋面也不宜用于高温、有振动、基础有较大不均匀沉降的建筑。

1）刚性防水屋面的防水构造

刚性防水的构造层一般有防水层、找平层、结构层等，刚性防水屋面应尽量采用结构找坡，具体说明见表 11-11。

表 11-11　刚性防水构造的组成

名称	说　明
防水层	采用不低于 C20 的细石混凝土整体现浇而成，其厚度不小于 40mm，并应配置直径为 4～6mm、间距为 100～200mm 的双向钢筋网片。为提高防水层的抗裂和抗渗性能，可在细石混凝土中掺入适量的外加剂，如膨胀剂、减水剂、防水剂等
隔离层	隔离层位于防水层与结构层之间，其作用是减少结构变形对防水层的不利影响。宜在结构层与防水层间设一隔离层使二者分开。隔离层可采用铺纸筋灰、低标号砂浆，或薄砂层上干铺一层油毡等做法
找平层	当结构层为预制钢筋混凝土板时，其上应用 1：3 水泥砂浆作找平层，厚度为 20mm。若屋面板为整体现浇混凝土结构时则可不设找平层
结构层	屋面结构层一般采用预制或现浇的钢筋混凝土屋面板

2）混凝土刚性防水屋面的分格缝构造

分格缝是一种设置在刚性防水层中的变形缝，分格缝的间距一般不宜大于 6m，并应位于结构变形的敏感部位，分格缝的宽度为 20～40mm，分隔缝的作用如下。

（1）设置一定数量的分格缝将单块混凝土防水层的面积减小，从而减少其伸缩变形，可有效地防止和限制裂缝的产生。

（2）在荷载作用下屋面板会产生挠曲变形，易于引起混凝土防水层开裂，如在这些部位预留分格缝就可避免防水层开裂。

11.7.3 屋顶保温与隔热

1. 屋顶保温

在寒冷地区或装有空调设备的建筑中,屋顶应设计成保温屋顶。为了提高屋顶的热阻,需要在屋顶中增加保温层,屋顶保温操作的具体内容见表 11-12。

表 11-12 屋顶保温操作细节

名 称	说 明
保温材料	保温材料应具有吸水率低、导热系数较小且具有一定的强度。屋面保温材料一般为轻质多孔材料,分为三种类型。 (1) 松散保温材料:常用的有膨胀蛭石(粒径为 3～15mm)、膨胀珍珠岩、矿棉、炉渣等。 (2) 整体保温材料:常用水泥或沥青等胶结材料与松散保温材料拌和,整体浇筑。如水泥炉渣、沥青膨胀珍珠岩、水泥膨胀蛭石等。 (3) 板状保温材料:如加气混凝土板、泡沫混凝土板、膨胀珍珠岩板、膨胀蛭石板、矿棉板、岩棉板、泡沫塑料板、木丝板、刨花板、甘蔗板等
平屋顶的保温构造	平屋顶因其屋面坡度平缓,适合将保温层放在屋面结构层上。保温层放在防水层之下,结构层之上,称为正铺法,如图 11-32 所示
排气道	为了解决排除水蒸气的问题,需要在保温层中设排气道,排气道内用大粒径炉渣填塞,既可让水气在其中流动,又可保证防水层的基层坚实可靠。同时,找平层内也应在相应位置留槽作排气道,并在其上干铺一层油毡条,用玛碲脂单边点贴覆盖。排汽道在整个层面应纵横贯通,并应与大气连通的排气孔相通

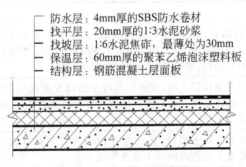

- 防水层:4mm厚的SBS防水卷材
- 找平层:20mm厚的1:3水泥砂浆
- 找坡层:1:6水泥焦砟,最薄处为30mm
- 保温层:60mm厚的聚苯乙烯泡沫塑料板
- 结构层:钢筋混凝土层面板

图 11-32 正铺法保温构造

2. 平屋顶的隔热

在夏季太阳辐射和室外气温的综合作用下,从屋顶传入室内的热量要比从墙体传入室内的热量多得多。在多层建筑中,顶层房间占有很大比例,屋顶的隔热问题应予以认真考虑。我国南方地区的建筑屋面隔热尤为重要,应采取适当的构造措施解决屋顶的降温和隔热问题。

屋顶隔热施工方法的具体说明见表 11-13。

表 11-13　屋顶隔热施工方法

名　称	说　明
架空通风间层	通风隔热就是在屋顶设置架空通风间层,使其上层表面遮挡阳光辐射,同时利用风压和热压作用使间层中的热空气被不断带走。通风间层的设置通常有两种方式:一种是在屋面上做架空通风隔热间层,另一种是利用吊顶棚内的空间做通风间层。 架空通风隔热间层设于屋面防水层上,其隔热原理是:一方面利用架空的面层遮挡直射阳光;另一方面架空层内被加热的空气与室外冷空气产生对流,将层内的热量源源不断地排走。架空通风间层通常用砖、瓦、混凝土等材料及制品制作
屋顶蓄水隔热	蓄水隔热屋面利用屋顶所蓄积的水层来达到屋顶隔热的目的,其原理为:在太阳辐射和室外气温的综合作用下,水能吸收大量的热,从而使液体蒸发为气体,将热量散发到空气中,减少了屋面吸收的热能,起到隔热的作用。水面还能反射阳光,减少阳光辐射对屋面的热作用。水层在冬季还有一定的保温作用
种植隔热屋面	种植隔热的原理是:在平屋顶上种植植物,借助栽培介质隔热及植物吸收阳光进行光合作用和遮挡阳光的双重功效来达到降温隔热的目的。一般种植隔热屋面是在屋面防水层上直接铺填种植介质,栽培植物
蓄水种植隔热屋面	蓄水种植隔热屋面是将一般种植屋面与蓄水屋面结合起来

11.8　建筑变形缝

11.8.1　抗震缝

（1）在地震烈度为 7～9 度的地区,当建筑物体形比较复杂或建筑物各部分的结构刚度、高度以及重量相差较悬殊时,应在变形敏感部位设缝,将建筑物分割成若干规整的结构单元;每个单元的体形规则、平面规整、结构体系单一,防止在地震波作用下相互挤压、拉伸,造成变形和破坏,这种缝隙称为防震缝。对多层砌体建筑来说,遇到下列情况时宜设防震缝:

① 建筑立面高差在 6m 以上时;

② 建筑错层,且楼层错开距离较大时;

③ 建筑物相邻部分的结构刚度、质量相差悬殊时。

（2）在多层砖混结构建筑中,防震缝宽为 50～70mm。

（3）在多层和高层钢筋混凝土结构中,其最小宽度应符合下列要求:

① 当高度不超过 15m 时,可采用 70mm;

② 当高度超过 15m 时,按不同设防烈度增加缝宽,具体说明见表 11-14。

表 11-14　不同烈度增加缝宽要求　　　　　　　　　　　单位:mm

名　称	说　明
6 度地区	建筑每增加 5m,缝宽增加 20mm
7 度地区	建筑每增加 4m,缝宽增加 20mm
8 度地区	建筑每增加 3m,缝宽增加 20mm
9 度地区	建筑每增加 2m,缝宽增加 20mm

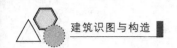

11.8.2 伸缩缝

建筑物常期处于温度变化之中,其形状和尺寸因热胀冷缩会发生变化。当建筑物长度变化超过一定限度时,会因变形导致开裂,为避免这种现象,通常沿建筑物长度方向每隔一定距离预留一个缝隙,将建筑物断开。这种为适应温度变化而设置的缝隙称为伸缩缝,也称温度缝。

伸缩缝要求将建筑物的墙体、楼层、屋顶等地面以上的构件全部断开,基础因受温度变化影响较小,不必断开。

伸缩缝的设置间距,即建筑物的允许连续长度与结构所用的材料、结构类型、施工方式、建筑所处位置和环境有关,结构设计规范对砌体建筑和钢筋混凝土结构建筑中伸缩缝最大间距所做的规定见表 11-15 和表 11-16。

表 11-15 砌体房屋伸缩缝的最大间距　　　　单位:m

砌体类别	屋顶或楼板层的类别		间距
各种砌体	整体式或装配整体式; 钢筋混凝土结构	有保温层或隔热层的屋顶、楼板层; 无保温层或隔热层的屋顶	50 40
	装配式无檩体系; 钢筋混凝土结构	有保温层或隔热层的屋顶、楼板层; 无保温层或隔热层的屋顶	60 50
	装配式有檩体系; 钢筋混凝土结构	有保温层或隔热层的屋顶、楼板层; 无保温层或隔热层的屋顶	75 60
普通黏土、空心砖砌体	(1)黏土瓦或石棉水泥瓦屋面; (2)木屋顶或楼板层; (3)砖石屋顶或楼板层		100
石砌体			80
硅酸盐、硅酸盐砌块和混凝土砌块砌体			75

表 11-16 钢筋混凝土结构伸缩缝最大间距　　　　单位:m

项次	结 构 类 型		室内或土中	露天
1	排架结构	装配式	100	70
2	框架结构	装配式; 现浇式	75 65	50 35
3	剪力墙结构	装配式; 现浇式	65 45	40 30
4	挡土墙及地下墙壁等结构	装配式; 现浇式	40 30	30 20

11.8.3 沉降缝

由于地基的不均匀沉降,结构内将产生附加的应力,使建筑物某些薄弱部位发生竖向错动而开裂,沉降缝就是为了避免这种情况的发生而设置的缝隙。因此,凡属下列情况应考虑设置沉降缝:

（1）同一建筑物两相邻部分的高度相差较大、荷载相差悬殊或结构形式不同时；

（2）建筑物建造在不同地基上，且难以保证均匀沉降时；

（3）建筑物相邻两部分的基础形式不同且宽度和埋深相差悬殊时；

（4）建筑物体形比较复杂、连接部位又比较薄弱时；

（5）新建建筑物与原有建筑物相毗连时。

沉降缝宽度与地基情况和建筑物高度有关，如表 11-17 所示。

表 11-17　沉降缝宽度的选择

地 基 情 况	建筑物高度	沉降缝宽度/mm
一般地基	H 小于 5m	30
	H 为 5～10m	50
	H 为 10～15m	70
软弱地基	2～3 层	50～80
	4～5 层	80～120
	5 层以上	大于 120
湿陷性黄土地基	—	大于或等于 30～70

复习思考题

1. 建筑一般由哪几部分组成？
2. 基础按构造形式分类，由哪几部分组成？
3. 楼梯一般由哪几部分组成？
4. 常用门的形式有哪些？
5. 屋顶的主要作用是什么？

第12章

实 例 解 读

【本章学习目标】

1. 通过前面的学习,能够看懂本章图纸中的基本信息。

2. 掌握图纸中基本数据的查看方法。

1. 建筑施工图识读实例解读

建筑施工图的识读以某办公楼(全套)图纸为例进行解读,具体内容如图 12-1～图 12-12 所示。

(1) 设计说明如图 12-1 所示。

(2) 一层平面图如图 12-2 所示。

(3) 二层平面图如图 12-3 所示。

(4) 三层平面图如图 12-4 所示。

(5) 四层平面图如图 12-5 所示。

(6) 屋顶平面图如图 12-6 所示。

(7) 立面图如图 12-7 所示。

(8) 侧立面图如图 12-8 所示。

(9) 剖面图如图 12-9 所示。

(10) 楼梯剖面图及平面图如图 12-10 所示。

(11) 楼梯平面图如图 12-11 所示。

(12) 细节详图如图 12-12 所示。

2. 结构施工图识读实例解读

结构施工图的识读以某住宅楼(全套)图纸为例进行解读,具体内容如图 12-13～图 12-21 所示。

(1) 基础结构施工图如图 12-13 所示。

(2) 柱及剪力墙结构施工图如图 12-14 所示。

(3) 一层梁结构施工图如图 12-15 所示。

(4) 二至六层梁结构施工图如图 12-16 所示。

(5) 屋面层梁结构施工图如图 12-17 所示。

(6) 一层板结构施工图如图 12-18 所示。

图 纸 目 录

图号	图名	规格	采用标准图集
建施1	设计说明、室内装修表、图纸目录、门窗表	2号	建筑构造用料做法
建施2	首层平面图	2号	平屋面
建施3	二层平面图	2号	坡屋面
建施4	三层平面图	2号	楼梯栏杆
建施5	四层平面图	2号	公用厨房卫生间设施
建施6	屋顶层平面	2号	高级木门
建施7	①-⑭立面图	2号	室外装修及配件
建施8	⑭-①立面图	2号	硬聚氯乙烯塑钢门窗
建施9	Ⓐ-Ⓔ、Ⓔ-Ⓐ立面图	2号	92SJ704(一)
建施10	1-1剖面图及2#楼梯剖面图	2号	
建施11	楼梯大样	2号	
建施12	楼梯大样	2号	
建墙13	详图	2号	

室 内 装 修 表 （本表做法选用987J001）

房间名称	地面	楼面	踢脚	墙裙	墙面	顶棚	粉刷	备注
办公室	地10	楼6	踢6		混合砂浆面刷内墙漆	水泥砂浆面顶棚顶3	乳胶漆 涂23	注卫生间墙面转贴1800mm高
会议室	地10	楼6	踢6		混合砂浆面刷内墙漆	水泥砂浆面顶棚顶3	乳胶漆 涂23	
卫生间	地6	楼26	踢26		墙面砖面刷内墙漆	水泥砂浆面顶棚顶4	乳胶漆 涂23	
楼梯		楼8	踢6		混合砂浆面刷内墙漆	混合砂浆面顶棚顶3	乳胶漆 涂23	
其它	地10	楼6	踢6		混合砂浆面刷内墙漆	混合砂浆面顶棚顶3	乳胶漆 涂23	

门 窗 统 计 表

类型	编号	洞口尺寸(mm)	数量	选用标准图集	备注
门	M-1	1000x2400	27	98ZJ681-GJM-304	木板门
	M-2	1200x2400	8	98ZJ681-GJM-323a	夹板门
	M-3	1500x2400	1	92SJ704(一)-PSM3-45	塑钢门
	M-4	3800x2700	1	参详图	塑钢门连窗
	M-5	800x2100	8	98ZJ681-GJM-304	夹板门
	M-6	1600x2400	2	92SJ704(一)-PSM3-45	塑钢门
窗	C-1	1500x1800	75	参92SJ704(一)-TSC-7B	塑钢窗 墙窗高1800mm
	C-2	2100x1800	1	参92SJ704(一)-TSC-80	塑钢窗 墙高度1800mm
	C-3	详门窗立面	2	详见详图	参图太阳采光天窗
	C-4	R-500	2	详门窗立面	固定塑钢窗
	C-5	详门窗立面	12	详门窗立面	塑钢窗
	C-6	2100x1900	1	92SJ704(一)-TSC-80	塑钢窗 墙高度1900mm

建 筑 设 计 说 明

一、设计依据

1. 甲方选定的办公楼方案。
2. 国家有关建筑设计时的规范和行业标准。

二、工程概况

本工程为一乡镇办公楼，共四层，一至三层为办公室和小型会议室，四层为大会议室。该建筑大等级为二级。总建筑面积为1758 m²。

三、总平面图

因建设单位未提供准确的地形资料，所以本工程只能按甲方提供的用地尺寸进行设计。设建筑的总平面定位及室内地坪±0.000，可根据现场具体情况确定。

四、填充墙及隔墙

建筑墙体加气混凝土块砌筑，墙厚（除图中注明者外）均为200mm厚。砌墙时的底部均应先砌三皮砖墙。

五、玻璃幕墙

玻璃幕墙由专业厂家参照本图纸深化设计。本工程采用灰色铝合金框，浅灰色镀膜玻璃，幕墙内格均参见建筑施工方案。幕墙连接及防排水、外墙满足有关规范要求。

六、屋面及楼面防水

本工程屋面防水等级为二级，防水层耐用年限为15年，屋面做法详见建筑施工方案。

七、室内外装修

室内装修见室内装修表，室外装修面及顶棚参见92SJ704，其选用。做法参见98ZJ501-2/23，内墙阳角做法见98ZJ501-2/20，内墙平顶角线做法详见98ZJ501-1/19。窗台做法详见98ZJ501-2/20，外墙面详见。

八、门窗及油漆

外门窗立樘均居中，内木门立樘与开启方向墙平行加入木板。做法参见98ZJ681-C1/37。加气混凝土墙门框固定方式参见98ZJ681-2/35。门窗在进行实际制作时应对洞口尺寸为准，并以所测尺寸为准。门窗数量在订货制时需详细复核，塑钢门选型可参考92SJ704计，其他现况。空气隔声、雨水渗漏等方面及隔声性能均应符合有关指标。塑钢门窗选用85系列5mm厚双层空玻璃窗，做法详见98ZJ001-姿5/58。扶手钢筋红色密封，楼梯栏杆详见98ZJ001-姿2/55。

九、其它要求

施工中应结土建专业图纸与水暖电等专业设备专业图纸相互校核，确认无误时方可进行下一步施工。图纸及说明未详尽之处如按国家有关建筑施工及验收规范进行施工。

图12-1 设计说明

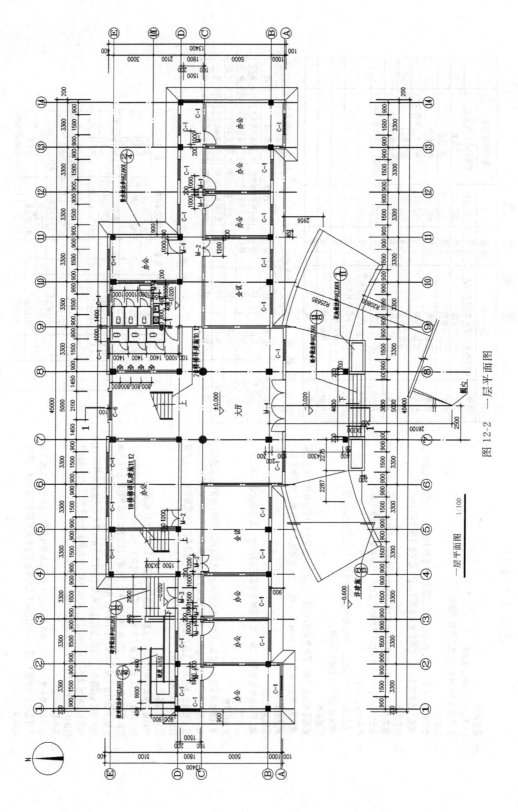

图 12-2 一层平面图

一层平面图 1:100

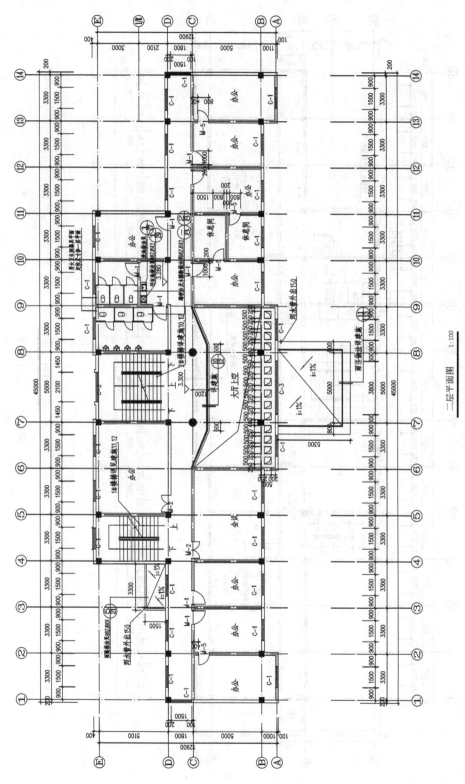

二层平面图　1:100

图 12-3　二层平面图

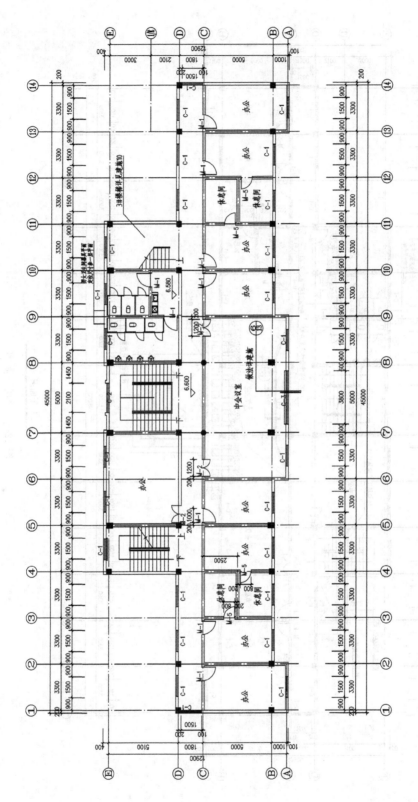

三层平面图 1:100

图 12-4 三层平面图

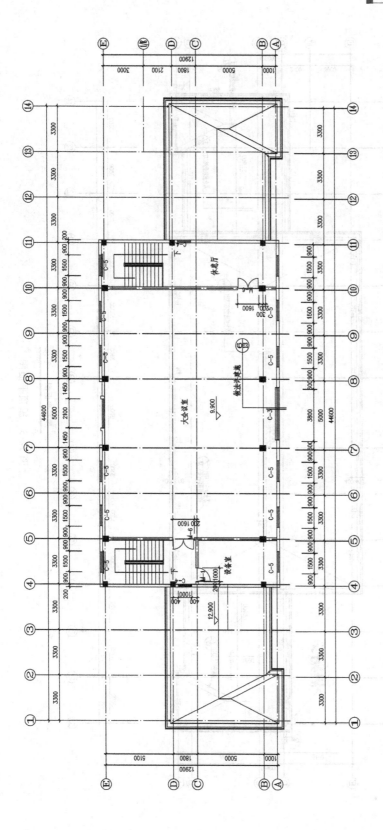

四层平面图　1:100

图 12-5　四层平面图

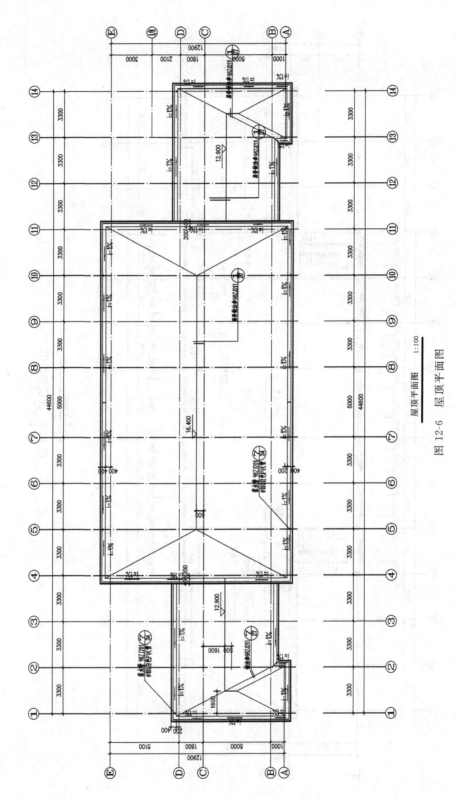

屋顶平面图　1:100

图 12-6　屋顶平面图

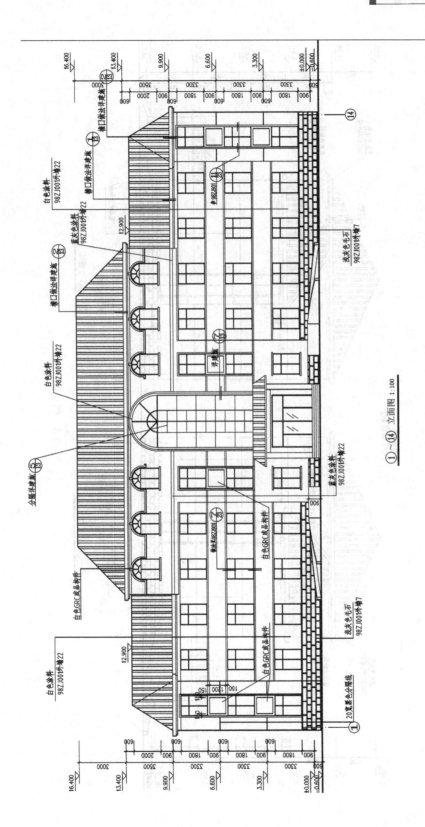

图 12-7 立面图

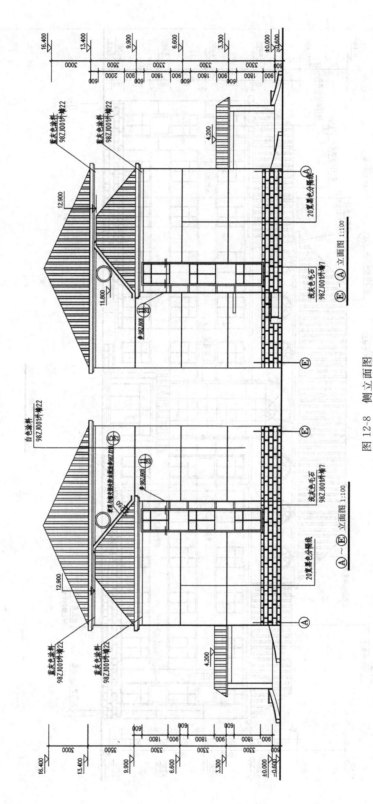

图 12-8　侧立面图

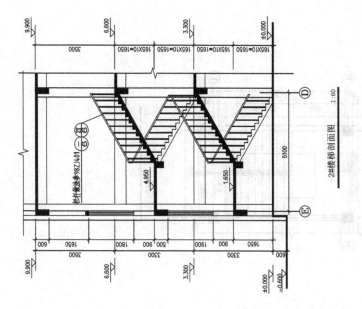

2#楼梯剖面图　1:60

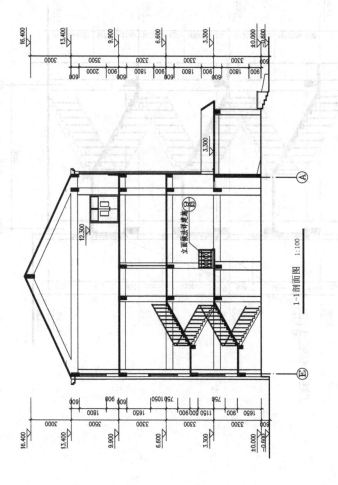

1-1剖面图　1:100

图 12-9　剖面图

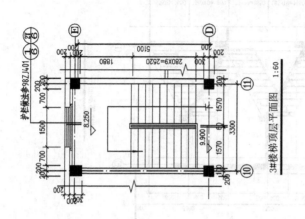

3#楼梯顶层平面图　1:60

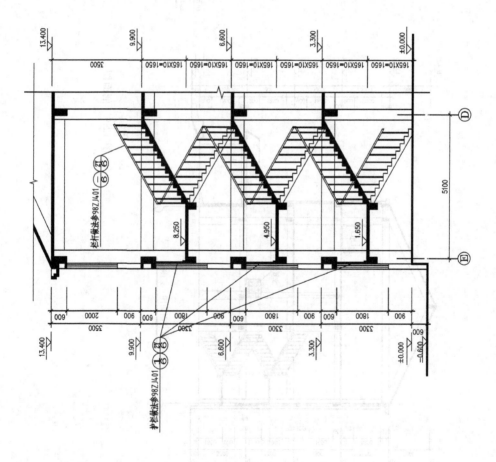

1#楼梯剖面图　1:60

图 12-10　楼梯剖面图及平面图

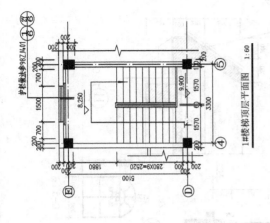

护栏做法参98ZJ401

1#楼梯顶层平面图　1:60

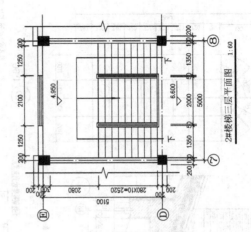

2#楼梯三层平面图　1:60

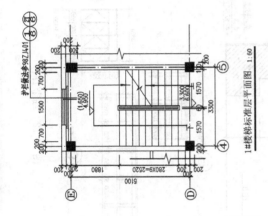

护栏做法参98ZJ401

1#楼梯标准层平面图　1:60

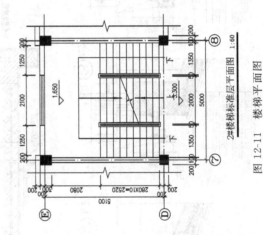

2#楼梯标准层平面图　1:60

图 12-11　楼梯平面图

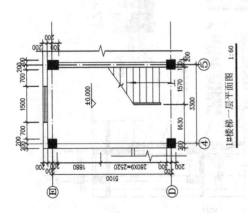

1#楼梯一层平面图　1:60

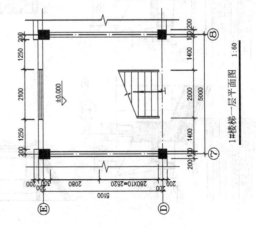

1#楼梯一层平面图　1:60

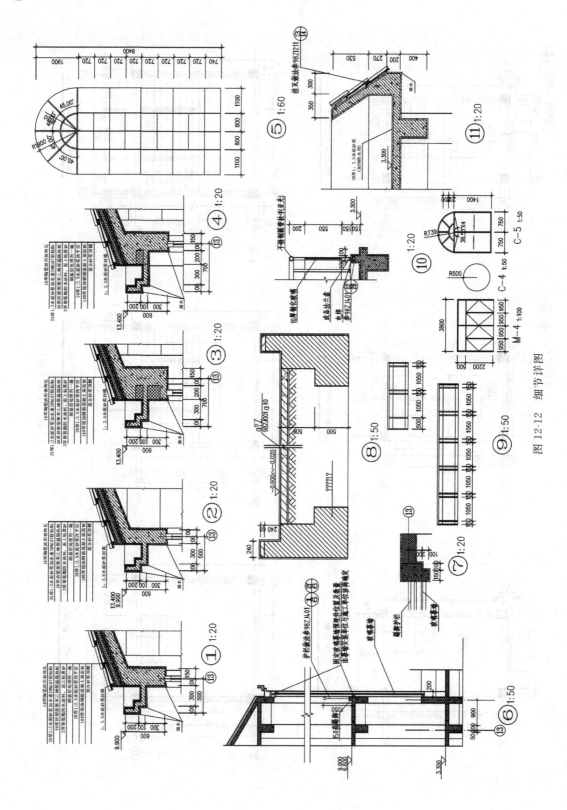

图 12-12　细节详图

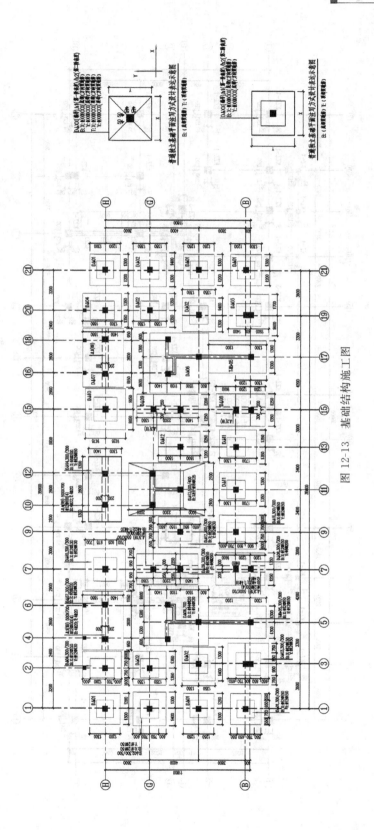

图 12-13　基础结构施工图

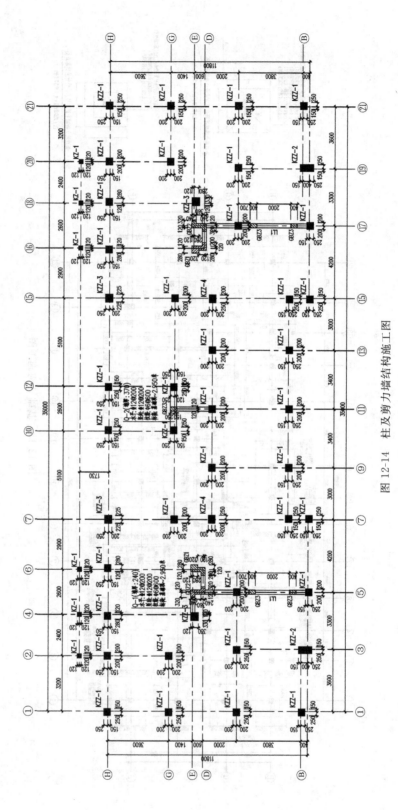

图 12-14　柱及剪力墙结构施工图

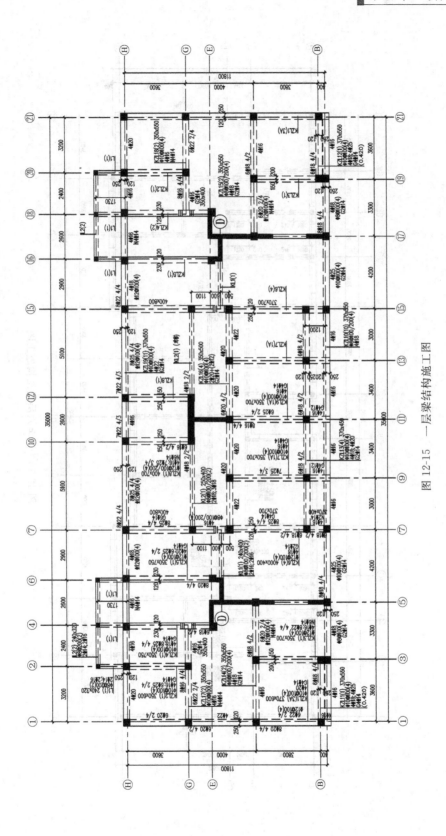

图 12-15　一层梁结构施工图

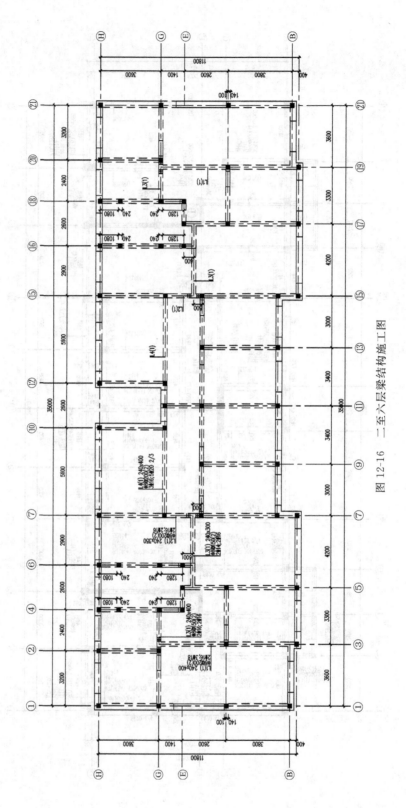

图 12-16 二至六层梁结构施工图

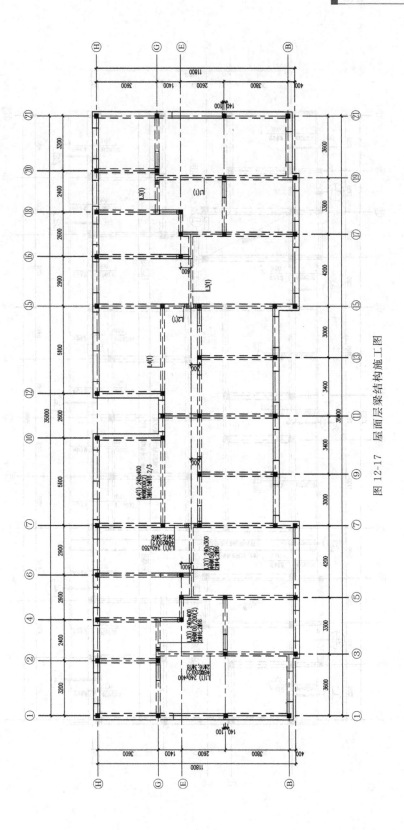

图 12-17　屋面层梁结构施工图

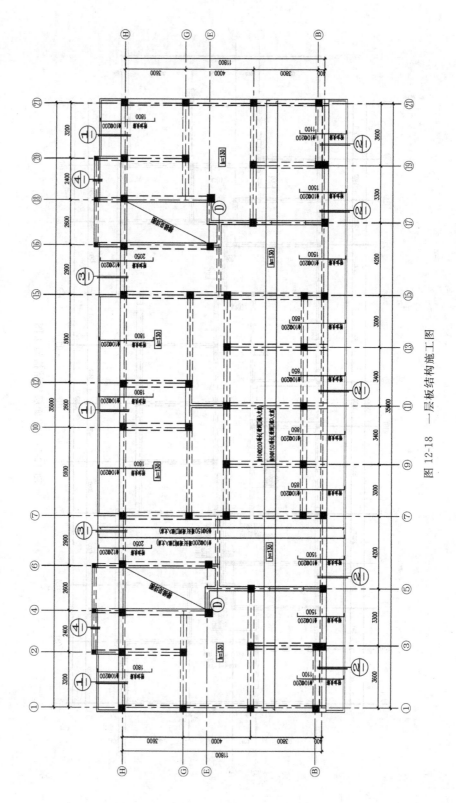

图 12-18 一层板结构施工图

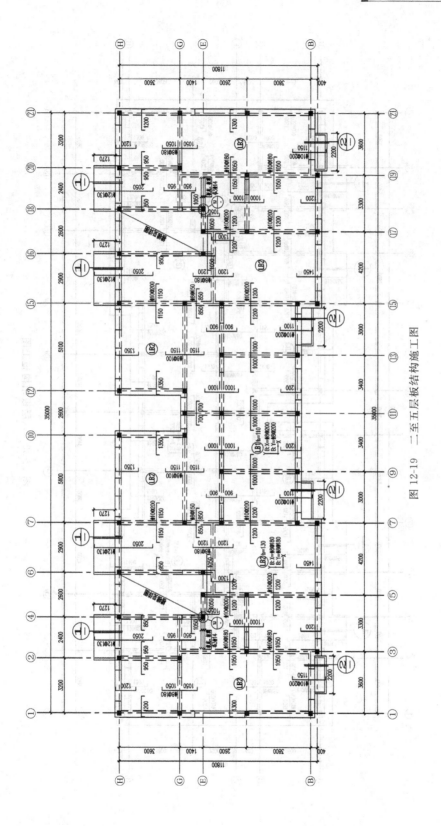

图 12-19　二至五层板结构施工图

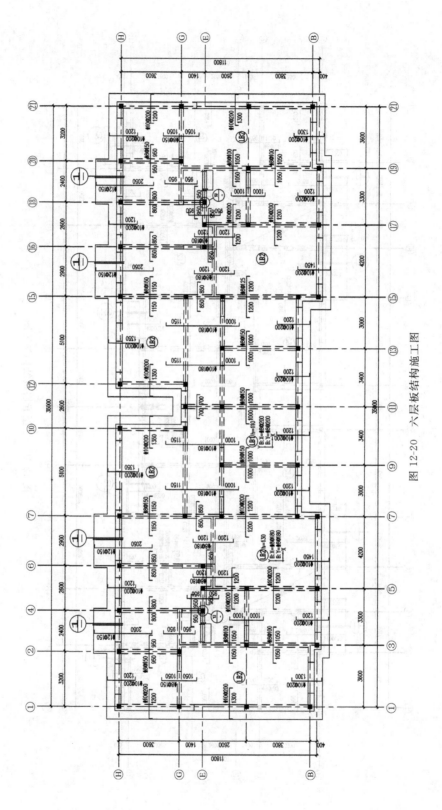

图 12-20 六层板结构施工图

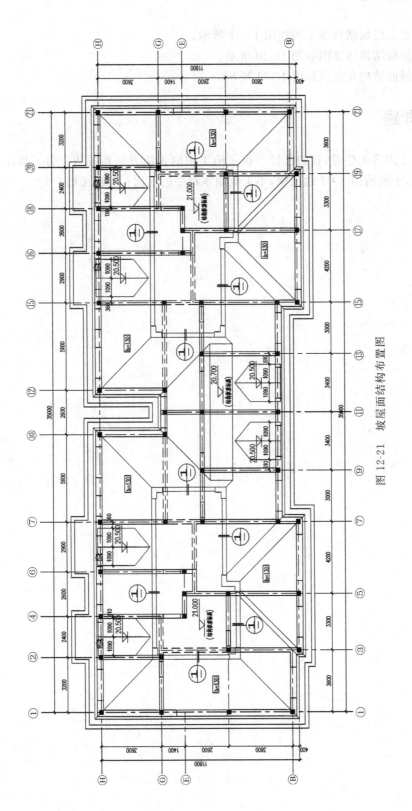

图 12-21 坡屋面结构布置图

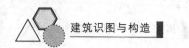

（7）二至五层板结构施工图如图 12-19 所示。

（8）六层板结构施工图如图 12-20 所示。

（9）坡屋面结构布置图如图 12-21 所示。

复习思考题

通过以上内容的学习,我们已经掌握了施工图的识读方法和技巧。为了加深对所学知识的理解,下面请用 1∶1 的比例,手工绘制本章中的任何一套施工图。

建筑施工图常用图例

附表 A-1　建筑施工图常用图例

名　称	图　例	名　称	图　例
底层楼梯		转门	
中间层楼梯		空洞门	
顶层楼梯		单扇门	
检查孔		双扇门	
孔洞		双扇推拉门	
墙预留洞	宽×高或φ 顶部和底部标 高为××、×××	单层固定窗	
烟道		左右推拉窗	

续表

名　称	图　例	名　称	图　例
通风道		单层外开上悬窗	
单扇弹簧门		入口坡道	
双扇弹簧门		电梯	

附录 B

建筑构件常用代码

附表 B-1　建筑构件常用代码

名　称	代号	名　称	代号	名　称	代号
板	B	吊车梁	DL	基础	J
屋面板	WB	圈梁	QL	设备基础	SJ
空心板	KB	过梁	GL	桩	ZH
槽形板	CB	连系梁	LL	柱间支撑	ZC
折板	ZB	基础梁	JL	垂直支撑	CC
密肋板	MB	楼梯梁	TL	水平支撑	SC
楼梯板	TB	檩条	LT	梯	T
墙板	QB	屋架	WJ	雨篷	YP
天沟板	TGB	托架	TJ	阳台	YT
盖板或沟盖板	GB	天窗架	CJ	梁垫	LD
挡雨板或压檐口板	YB	框架	KJ	预埋件	M
吊车安全走道板	DB	刚架	GJ	天窗端壁	TD
梁	L	支架	ZJ	钢筋网	W
屋面梁	WL	柱	Z	钢筋骨架	G

复习思考题答案

第 1 章

1. 什么是建筑工程？

答案：建筑工程指通过对各类房屋建筑及其附属设施的建造和与其配套的线路、管道、设备的安装活动所形成的工程实体。

2. 建筑工程主要由哪几个子工程组成？

答案：土建工程、安装工程、装饰工程。

3. 建筑工程图纸的种类有哪些？每一种图纸中具体包含哪些内容？

答案：(1) 建筑施工图：包括建筑总平面图、建筑平面图、建筑立面图、建筑剖面图和建筑详图。

(2) 结构施工图：包括基础平面图，基础剖面图，屋盖结构布置图，楼层结构布置图，柱、梁、板配筋图，楼梯图，结构构件图或表，以及必要的详图。

(3) 设备施工图：包括采暖施工图、电气施工图、通风施工图和给排水施工图。

第 2 章

1. 什么是正投影法和斜投影法？

答案：(1) 正投影法：投影方向垂直于投影面时所作出的平行投影，称作正投影法。作出正投影的方法称为正投影法。用这种方法画得的图形称作正投影图。

(2) 斜投影法：投影方向倾斜于投影面时所作出的平行投影，称作斜投影法，作出斜投影的方法称为斜投影法。用这种方法画得的图形称作斜投影图。

2. 正投影的基本性质有哪些？

答案：同素性、从属性、积聚性、可量性、定比性、平行性。

3. 三面投影图的三等关系指的是什么？

答案："三等关系"指正立面图的长与平面图的长相等，正立面图的高与侧立面图的高相等，平面图的宽与侧立面图的宽相等。

第 3 章

1. 画底稿的方法和步骤有哪些？

答案：（1）先画图框、标题栏，后画图形。

（2）根据图样的数量、大小及复杂程度选择比例,安排图位,定好图形的中心线。

（3）先画轴线或轴对称中心线,然后画图形的主要轮廓线,最后画细部内容。

（4）图形完成后,画其他符号、尺寸标准,注写文字。

2. 铅笔加深的方法和步骤有哪些？

答案：（1）加深所有的点画线。

（2）加深所有的粗实线圆和圆弧。

（3）从上而下依次加深所有水平的粗实线。

（4）从左向右依次加深所有铅垂的粗实线。

（5）从左上方开始,依次加深所有倾斜的粗实线。

（6）按加深粗实线的同样步骤依次加深所有虚线圆及圆弧,以及水平的、铅垂的和倾斜的虚线。

（7）加深所有的细实线、波浪线等。

（8）画符号和箭头、标准尺寸,书写文字和填写标题栏。

（9）检查全图。

3. 略。

第 4 章

1. 总平面图包括哪些基本内容？

答案：（1）图名、比例。

（2）新建建筑所处的地形。

（3）新建建筑的具体位置。

（4）注明新建房屋底层室内地面和室外整平地面的绝对标高。

（5）相邻有关建筑、拆除建筑的大小、位置或范围。

（6）附近的地形、地物等,如道路、河流、水沟、池塘、土坡等。

（7）指北针或风向频率玫瑰图。

（8）绿化规划和给排水、采暖管道和电线布置。

2. 通过识读总平面图能够得到哪些信息？

答案：（1）看图名、比例、图例及有关的文字说明。

（2）了解工程的用地范围、地形地貌和周围环境情况。

（3）了解拟建房屋的平面位置和定位依据。

（4）了解拟建房屋的朝向和主要风向。

（5）了解道路交通情况,了解建筑物周围的给水、排水、供暖和供电的位置,管线布置走向;了解绿化、美化的要求和布置情况。

3. 总平面图识读关键要素有哪几点?

答案：(1) 必须阅读文字说明,熟悉图纸和了解图的比例。

（2）了解图中总体的布置,例如图中的地形、地貌、道路、地上构筑物、地下各种管网布置走向和水、暖、电等管线在新建房屋的引入方向等内容。

（3）新建房屋确定位置和标高的依据。

第 5 章

1. 什么是平面图?

答案：建筑平面图是假想用一水平的剖切平面,沿着房屋门窗口的位置,将房屋剖开,拿掉上面部分,对剖切平面以下部分所做出的水平投影图,简称为平面图。

2. 平面图的常用比例有哪些?

答案：建筑平面图常用的比例是 1∶50、1∶100 或 1∶200,其中 1∶100 使用最多。

3. 平面图的识读方法是什么?

答案：(1) 多层房屋的各层平面图,原则上从最下层平面图开始(有地下室时,从地下室平面图开始;无地下室时,从首层平面图开始)逐层读到顶层平面图,且不能忽视全部文字说明。

（2）每层平面图,先从轴线间距尺寸开始,记住开间、进深尺寸,再看墙厚和柱的尺寸以及它们与轴线的关系,门窗尺寸和位置等。宜按先大后小、先粗后细、先主体后装修的步骤阅读,最后可按不同的房间,逐个掌握图纸上表达的内容。

（3）认真校核各处的尺寸和标高有无注错或遗漏的地方。

（4）细心核对门窗型号和数量,掌握内装修的各处做法,统计各层所需过梁型号和数量。

（5）将各层的做法综合起来考虑,了解上、下各层之间有无矛盾,以便从各层平面图中逐步树立起对建筑物的整体概念,并为进一步阅读建筑专业的立面图、剖面图和详图,以及结构专业图打下基础。

第 6 章

1. 什么是立面图?

答案：在与建筑立面平行的铅直投影面上所做的正投影图称为建筑立面图,简称立面图。

2. 立面图的命名方式有哪些?

答案：具体见下表。

名　　称	主　要　内　容
用朝向命名	将建筑物反映主要出入口或显著地反映外貌特征的那一面称为正立面图,其余立面图依次为背立面图、左立面图和右立面图
用建筑平面图中的首尾轴线命名	按照观察者面向建筑物从左到右的轴线顺序命名。图6-1中标出了建筑立面图的投影方向和名称
按外貌特征命名	建筑立面图主要反映房屋的体型和外貌、门窗的形式和位置、墙面的材料和装修做法等,是施工的重要依据

3. 立面图的识读步骤有哪些?

答案:(1)了解图名、比例。

(2)了解建筑的外貌。

(3)了解建筑物的竖向标高。

(4)了解立面图与平面图的对应关系。

(5)了解建筑物的外装修。

(6)了解立面图上详图索引符号的位置及其作用。

第7章

1. 什么是建筑剖面图?

答案:建筑剖面图是用一假想的竖直剖切平面,垂直于外墙,将房屋剖开,移去剖切平面与观察者之间的部分,做出剩下部分的正投影图,简称为剖面图。

2. 剖面图的识读步骤有哪些?

答案:(1)了解图名、比例。

(2)了解剖面图与平面图的对应关系。

(3)了解被剖切到的墙体、楼板、楼梯和屋顶。

(4)了解屋面、楼面、地面的构造层次及做法。

(5)了解屋面的排水方式。

(6)了解可见的部分。

(7)了解剖面图上的尺寸标注。

(8)了解详图索引符号的位置和编号。

3. 剖面图的识读方法是什么?

答案:(1)按照平面图中标明的剖切位置和剖视方向,检核剖面图所标明的轴线号、剖切部位和内容与平面图是否一致。

(2)校对尺寸、标高是否与平面图、立面图相一致;校对剖面图中内装修做法与材料做法表是否一致。在校对尺寸、标高和材料做法中,加深对房屋内部各处做法的整体概念的理解。

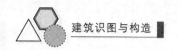

第 8 章

1. 什么是外墙详图？

答案：外墙详图也叫外墙大样图，是建筑剖面图上外墙体的放大图样，表达外墙与地面、楼面、屋面的构造连接情况以及檐口、门窗顶、窗台、勒脚、防潮层、散水、明沟的尺寸、材料、做法等构造情况，是砌墙、室内外装修、门窗安装、编制施工预算以及材料估算等的重要依据。

2. 外墙详图的识读步骤有哪些？

答案：（1）了解墙身详图的图名和比例。

（2）了解墙角构造。

（3）了解中间节点。

（4）了解檐口部位。

3. 外墙详图的识读方法是什么？

答案：（1）由于外墙详图能较明确、清楚地表明每项工程绝大部分主体与装修的做法，所以除读懂图面所表达的全部内容外，还应认真、仔细地与其他图纸联系阅读。

（2）应反复校核各图中尺寸、标高是否一致，并应与本专业图纸或结构专业的图纸反复校核。

（3）除认真阅读详图被剖切部分的做法外，对图面表达的未剖切到的可见轮廓线也不可忽视，因为一条可见轮廓线可能代表一种材料和做法。

第 9 章

1. 建筑楼梯详图的作用是什么？

答案：楼梯由梯段（包括踏步和斜梁）、平台（包括平台板和平台梁）和栏板（或栏杆）三部分组成。楼梯的构造比较复杂，一般需另画详图，以表示楼梯的类型、结构形式、各部位尺寸及装修做法，是楼梯施工放样的主要依据。

2. 楼梯平面图的识读步骤有哪些？

答案：（1）了解楼梯在建筑平面图中的位置及有关轴线的布置。

（2）了解楼梯的平面形式、踏步尺寸、楼梯的走向。

（3）了解楼梯间的开间、进深、墙体的厚度。

（4）了解楼梯和休息平台的平面形式和位置，踏步的宽度和数量。

（5）了解楼梯间各楼层平台、梯段、楼梯井和休息平台台面的标高。

（6）了解中间层平面图中三个不同梯段的投影。

（7）了解楼梯间墙、柱、门、窗的平面位置、编号和尺寸。

（8）了解楼梯剖面图在楼梯底层平面图中的剖切位置。

3. 楼梯剖面图的识读步骤有哪些？

答案：（1）了解楼梯的构造形式。

（2）了解楼梯在竖向和进深方向的有关尺寸。

（3）了解楼梯段、平台、栏杆、扶手等的构造和用料说明。

（4）了解被剖切梯段的踏步级数。

（5）了解图中的索引符号。

第 10 章

1. 结构施工图有何作用？

答案：结构施工图主要用来作为施工放线、开挖基槽、支模板、绑扎钢筋、设置预埋件、浇筑混凝土和安装梁、板、柱等构件及编制预算与施工组织计划等的依据。

2. 结构施工图的类型有哪几种？

答案：基本可分为木结构建筑、砖混结构建筑和骨架结构建筑、装配式建筑和工具式建筑、筒体结构建筑、悬挂结构建筑、薄膜建筑和大跨度建筑等。

3. 结构施工图的主要内容及其含义是什么？

答案：结构施工图的主要内容如下。

（1）结构设计说明

结构设计说明是带全局性的文字说明，内容包括抗震设计与防火要求、材料的选型、规格、强度等级、地基情况、施工注意事项、选用标准图集等。

（2）结构平面布置图

结构平面布置图包括基础平面图、楼层结构平面布置图、屋顶结构平面图等。

（3）构件详图

构件详图包括梁、板、柱及基础结构详图、楼梯结构详图、屋架结构详图和其他详图（天窗、雨篷、过梁等）。

第 11 章

1. 建筑一般由哪几部分组成？

答案：一般是由基础、墙或柱、楼板层及地坪层、楼梯、屋顶和门窗等部分所组成。

2. 基础按构造形式分类，由哪几部分组成？

答案：按基础的构造形式可以将基础分为条形基础、独立基础、联合基础（井格式基础、片筏式基础、板式基础、箱形基础）和桩基础。

3. 楼梯一般由哪几部分组成？

答案：楼梯一般由梯段、平台、栏杆扶手三部分组成。

4. 常用门的形式有哪些？

答案：常用门的形式有平开门、弹簧门、推拉门、折叠门和转门。

5. 屋顶的主要作用是什么？

答案：屋顶主要有三个作用，一是起承重作用，二是起围护作用，三是装饰建筑立面。

第 12 章

略。

参 考 文 献

[1] 中国建筑标准设计研究所.GB/T 50103—2001,总图制图标准[S].北京：中国计划出版社,2011.

[2] 中国建筑标准设计研究院.GB/T 50104—2001,建筑结构制图标准[S].北京：中国建筑工业出版社,2010.

[3] 中国建筑标准设计研究院.GB/T 50001—2001.房屋建筑制图统一标准[S].北京：中国计划出版社,2011.

[4] 中国建筑标准设计研究院.GB/T 50103—2001,建筑制图标准[S].北京：中国计划出版社,2011.

[5] 中国建筑标准设计研究院.国家建筑标准设计图集 11G101-1 混凝土施工平面整体表示方法制图规则和构造详图(现浇混凝土框架、剪力墙、梁、板)[S].北京：中国计划出版社,2003.

[6] 中国建筑标准设计研究院.国家建筑标准设计图集 11G101-2 混凝土施工平面整体表示方法制图规则和构造详图(现浇混凝土板式楼梯)[S].北京：中国计划出版社,2011.

[7] 中国建筑标准设计研究院.国家建筑标准设计图集 11G101-3 混凝土施工平面整体表示方法制图规则和构造详图(独立基础、条形基础、筏形基础及桩承台)[S].北京：中国计划出版社,2011.

[8] 周坚.建筑识图[M].北京：中国电力出版社,2015.

[9] 褚振文.建筑识图实例解读[M].北京：机械工业出版社,2015.

[10] 李长江.建筑识图与构造[M].北京：化学工业出版社,2015.

[11] 于庆峰.建筑识图与房屋构造[M].哈尔滨：哈尔滨工业大学出版社,2015.

[12] 李红霞.建筑识图[M].北京：中国财富出版社,2015.

[13] 苏小梅,杨斌,江俊美.建筑制图[M].北京：机械工业出版社,2015.

[14] 魏艳萍.建筑制图[M].北京：中国电力出版社,2013.

[15] 管晓琴.建筑制图[M].北京：机械工业出版社,2013.

[16] 李东锋,王文杰,周慧芳.房屋构造[M].北京：化学工业出版社,2014.

[17] 肖伦斌,袁敏.建筑识图与构造[M].成都：西南交通大学出版社,2013.

[18] 郭继和,林钧芳,刘畅.建筑识图与构造[M].沈阳：辽宁大学出版社,2013.

[19] 刘红.基于建筑模型制作的建筑识图能力培养研究[J].时代教育,2015(9)：233-234.

[20] 谢艳华,张炳晖."建筑识图、构造与 CAD 制图"课程教学创新[J].才智,2015(14).

[21] 祁黎."翻转课堂"在建筑识图课程中的教学实践与探索[J].职业,2015(11)：96-97.

[22] 吴峰.建筑工程专业"建筑构造"课程整体设计[J].科技·经济·市场,2015(8)：216.

[23] 王雪英,吴雅君,许东.基于建筑实践教学的建筑构造模型教学方法[J].辽宁工业大学学报(社会科学版),2015,17(1)：127-129.

[24] 冯骋.现代和传统教学工具在建筑构造学科中的有机结合[J].新课程·下旬,2015(2)：87.

[25] 哈敏强,李蔚,陆陈英,等.宁波绿地中心超高层结构设计[J].建筑结构,2015(7).

[26] 章丛俊.刚度在结构设计中的运用和控制[J].建筑结构,2015(10)：94-102.

[27] 陈坚,高婷婷."做中学"模式在建筑制图课程教学中的探索[J].教育评论,2016(12)：134-136.

[28] 王柳燕,赵柏冬,张晓范,等.以就业为导向整合建筑制图课程体系改革与实践[J].教育教学论坛,2015(2)：136-137.

[29] 李艳.翻转课堂教学模式应用初探——以"建筑制图"为例[J].现代职业教育,2016(25).

[30] 张苏东."房屋构造与识图"与"建筑 CAD"课程内容改革探讨[J].价值工程,2017,36(9).

[31] 刘丽华,王晓天.建筑力学与建筑结构[M].北京：中国电力出版社,2015.

［32］刘志龙，杜向琴．"建筑力学"课程教学改革的探索与实践［J］．四川建材，2016，42(4)：279-280．

［33］彭刚．建筑 CAD 与工程制图识图的融合应用分析［J］．城市地理，2016(9)．

［34］徐洁．提高"建筑工程制图与识图"教学效果研究［J］．科技经济导刊，2017(7)．

［35］徐洁．"建筑工程制图与识图"教学方法探析［J］．科技展望，2017，27(6)．

［36］刘赛红．"建筑制图"课程教学中的几点建议［J］．科技展望，2017，27(3)．